专用于国家职业技能鉴定

国家职业资格培训教程

铀浓缩生产设备真空工

（技师技能　高级技师技能）

中国核工业集团有限公司人力资源部
中国原子能工业有限公司
组织编写

中国原子能出版社

图书在版编目(CIP)数据

铀浓缩生产设备真空工．技师技能、高级技师技能 / 中国核工业集团有限公司人力资源部，中国原子能工业有限公司组织编写．—北京：中国原子能出版社，2019.12

国家职业资格培训教程

ISBN 978-7-5221-0406-5

Ⅰ．①铀…　Ⅱ．①中…②中…　Ⅲ．①铀浓缩物-生产设备-真空技术-技术培训-教材　Ⅳ．①TL212.3

中国版本图书馆 CIP 数据核字(2019)第 299176 号

铀浓缩生产设备真空工(技师技能　高级技师技能)

出版发行	中国原子能出版社(北京市海淀区阜成路 43 号　100048)
责任编辑	刘　岩
装帧设计	赵　杰
责任校对	冯莲凤
责任印制	潘玉玲
印　　刷	保定市中画美凯印刷有限公司
经　　销	全国新华书店
开　　本	787 mm×1092 mm　1/16
印　　张	7.25
字　　数	181 千字
版　　次	2019 年 12 月第 1 版　2019 年 12 月第 1 次印刷
书　　号	ISBN 978-7-5221-0406-5　　**定　价　42.00 元**

网址:http://www.aep.com.cn　　**E-mail:atomep123@126.com**

发行电话:010-68452845

国家职业资格培训教程

铀浓缩生产设备真空工
（技师技能　高级技师技能）

编审委员会

主　任　余剑锋

副主任　祖　斌

委　员　王安民　赵积柱　刘春胜　辛　锋
霍颖颖　陈璐璐　周　伟　金　玲
牛　宁　边　海　苗辅徽　于金光
李广民　廖　旭　马鸿恩　柳燕恒
张士军　刘玉山　何　石

主　编　朱军坡

编　者　赵　斌　张应祥　赵立红　杨铁成
李　睿　陈永其

主　审　宋　健

审　者　苗辅徽　孔　炜　李广民　胡永春
柳燕恒

前　言

为推动核行业特有职业技能培训和职业技能鉴定工作的开展，在核行业特有职业从业人员中推行国家职业资格证书制度，在人力资源和社会保障部的指导下，中国核工业集团有限公司人力资源部组织有关专家编写了《国家职业资格培训教程——铀浓缩生产设备真空工》（以下简称《教程》）。

《教程》以国家职业标准为依据，内容上力求体现“以职业活动为导向，以职业技能为核心”的指导思想，紧密结合实际工作需要，注重突出职业培训特色；结构上针对本职业的职业活动的领域，按照模块化的方式，分为初级、中级、高级、技师、高级技师五个等级进行编写的。《教程》中的章对应于职业标准的“职业功能”，节对应“工作内容”；每节包括“学习目标”“级联操作”“工艺操作”及“自检”等单元，涵盖了职业标准中的“技能要求”和“相关知识”的基本内容。此外，针对职业标准中的“基本要求”，还专门编写了《铀浓缩生产设备真空工（基础知识）》一书，内容涉及：职业道德、专业基础知识、安全文明生产与环境保护知识、质量管理知识和相关法律、法规知识等。

《教程》适用于铀浓缩生产设备真空工的初级、中级、高级、技师、高级技师培训，是铀浓缩生产设备真空工职业技能鉴定的指定辅导用书。

《教程》由朱军坡、赵斌、张应祥、赵立、杨铁成、李睿、陈永其等编写，由宋健、苗辅徽、孔炜、李广民、胡永春、柳燕恒审核。中核兰州铀浓缩有限公司承担了本《教程》的编写工作。编写过程中也得到了中核陕西铀浓缩有限公司和四川红华实业有限公司等相关单位的大力支持。

由于编者水平有限，时间仓促，加之科学技术的发展，教材中不足与错误之处在所难免，欢迎提出宝贵意见和建议。

中国核工业集团有限公司人力资源部

中国原子能工业有限公司

目　　录

第一部分　铀浓缩生产设备真空工技师技能

第一章　真空试验 …… 1

第一节　计算真空工艺参数 …… 1

第二节　编写技术文件 …… 16

第三节　工艺系统真空试验 …… 23

第四节　绘制工艺流程图 …… 28

第二章　设备维护 …… 32

第一节　改进真空设备、专用器具 …… 32

第二节　选用检漏仪 …… 44

第三节　申报材料计划 …… 49

第三章　培训指导 …… 51

第一节　指导操作 …… 51

第二节　理论培训 …… 53

第四章　组织管理 …… 56

第一节　质量管理 …… 56

第二节　技术管理 …… 57

第二部分　铀浓缩生产设备真空工高级技师技能

第五章　真空试验 …… 61

第一节　设计工作 …… 61

第二节　解决技术问题 …… 65

第六章　设备维护 …… 68

第一节　设备维护保养 …… 68

第二节　工艺改进 …… 69

第七章　培训指导 …… 70

第一节　指导操作 …… 70

第二节　理论培训 …… 71

第八章　组织管理 …… 84

第一节　质量管理 …… 84

第二节　技术管理 …… 96

第三节　生产管理 …… 97

第一部分　铀浓缩生产设备真空工技师技能

第一章　真空试验

第一节　计算真空工艺参数

学习目标：通过本部分的学习，使学员掌握真空密封基础知识、动密封、静密封、金属及其合金、非金属材料等相关知识。

一、真空密封知识

真空设备各个部件的连接处、电源和信号的引入端、转动轴、观察窗、大门、盖等部位，都应该有可靠的真空密封(静密封与动密封)。真空设备的密封性能是通过各种密封途径将漏气率控制在允许的范围之内。正确选择适当的密封方法和材料，是真空设备密封质量的可靠保证。

静密封是指连接件不能做相对运动的密封。静密封分为永久密封(不可拆密封)和可拆密封。对于低真空和高真空，永久密封通常采用金属或非金属做密封材料；可拆静密封一般采用弹性很大的橡胶做密封材料，超高真空的可拆静密封由于受高温烘烤和出气率的限制，通常使用软金属做密封材料。

真空系统中所用的材料大致可分为两大类。

结构材料：是构成真空系统主体的材料，它将真空系统与大气隔开，承受着大气压力。这类材料有金属和非金属材料，包括可拆连接处的密封垫圈材料。

密封材料：是作为真空系统某些零件连接处或系统漏气处的辅助密封用的物质，主要有真空泥、脂、蜡等。

合理选择材料，确保真空系统密封性能和减少放气源，是获得和保持真空至关重要的任务。而了解真空材料的性质和特点则是合理选择材料的前提条件。常见的真空系统材料见表 1-1。

表 1-1　真空系统零件用主要材料统计表

真空系统零件名称	主要材料名称	
	低真空及高真空	超高真空
壳体，管道阀，内部零件	普通钢，不锈钢	不锈钢

续表

真空系统零件名称	主要材料名称	
	低真空及高真空	超高真空
密封垫	丁基橡胶	氟橡胶,氟塑料,铜,金,银,铟
视窗	玻璃	硼硅玻璃,透明石英
导电体	铜,不锈钢	铜,不锈钢
绝缘体	塑料,玻璃,陶瓷	玻璃,致密高铝瓷
润滑剂	低蒸汽压的油及脂	二硫化钼,镀银或金
加热元件	镍铁铬合金,钨,钼,钽,碳布	钨,钼,钽,钨-铼,石墨织品

对结构材料的要求:

1. 饱和蒸汽压足够低,不致影响系统的真空度;

2. 气密性好,不存在多孔结构或其他渗漏源;

3. 材料的吸气尽量少,且易于除气;

4. 化学稳定性好,不易氧化和腐蚀;

5. 热稳定性好,在工作温度范围内,真空性能和机械性能不致变坏;有足够的强度和刚度,易加工,成本低。

此外,根据工艺的要求,材料的物理性质:膨胀系数、导热性、导电性和磁性等,在设计真空系统时也应予以考虑。

对密封材料的要求:

1. 有足够低的饱和蒸汽压,低真空密封材料,其饱和蒸汽压在室温时应小于 $1.3\times10^{-1}\sim1.3\times10^{-2}$ Pa,而高真空时应小于 $1.3\times10^{-3}\sim1.3\times10^{-5}$ Pa。

2. 热稳定性能好,在密封部位,不因合理的温升而发生软化,化学反应或挥发,甚至被大气冲破。

3. 有一定的机械性质和物理性质。冷却后硬化的固态密封材料,可塑密封材料或干燥后硬化的封蜡,要平滑地紧贴表面,无气泡、皱纹。当温度变化时,不应变脆或裂开,液态或胶态密封材料应保持原有黏性。

4. 密封材料应能溶于某些溶剂中,以便更换时易于清洗。

二、静密封

1. 永久密封

分为封接和焊接,用于真空系统要求机械强度较高和密封性能较严格的部位。

(1) 封接

① 玻璃与玻璃封接

玻璃与玻璃之间的封接通常是在煤气和氧气的混合火焰中在其连接处加热进行的。为了保证封接可靠,必须使封接玻璃之间的热膨胀系数极为相近,否则会因封接时产生的内应力引起玻璃的破裂。

② 玻璃与金属封接

常见的玻璃与金属的封接是电极引线，以及管道的玻璃部分和金属部分的封接。这种封接一般分为匹配封接和非匹配封接，前者指膨胀系数相近似的玻璃与金属的封接。后者指膨胀系数相差较大的玻璃与金属的封接。为了消除玻璃与金属膨胀系数相差较大而产生的内应力，一般多采用延展性好的薄壁无氧铜管与玻璃进行封接。

③ 金属与陶瓷封接

金属与陶瓷封接用于真空室、真空炉体、泵体、真空规的各种加热电极、引线的真空密封。能够满足耐高温(真空系统烘烤、电极加热引线发热等)，电绝缘性能的要求。陶瓷件工作温度可达 700～1 000 ℃以上，并在高温下有良好的气密性和电绝缘性能。

金属与陶瓷封接材料选用的金属、陶瓷、焊料在室温到略高于使用焊料熔点范围内，应具有相同或相近的热膨胀系数。在不匹配封接中，要选择屈服极限低、塑性好、弹性模量低的金属材料作为封接用金属和焊料。根据封接件的要求，选择一定强度、软化温度、电阻率和导热系数的陶瓷材料。

(2) 焊接

① 金属焊接的方法

a. 气焊是用可燃性气体混合氧气的焊枪对被焊件进行加热焊接。由于这种焊接需要采用放气率较大的焊剂，因此，在真空密封连接中只用在焊接笨重的铜或铁容器上。

b. 电弧焊是以工件与电极间或两个电极间的电弧所获得的热量为基础的一种焊接技术。其中原子弧焊、碳弧焊、合金焊条取代钨电极的氩弧焊等方法多用于真空密封技术中。

c. 氩弧焊是气电焊的一种，它是以氩气作为保护气体的电弧焊。由于焊缝受到氩气的保护，所以焊缝质量比较高，同时又由于热源集中，所以焊接时的热影响区小，工件变形小，保证了工件的气密性和机械强度。适用于高强度合金钢、有色难熔和化学性质活泼的金属及其合金，也可用于补焊、定位焊反面成型的打底焊缝及异种金属的焊接。在真空设备制造中的超高真空不锈钢容器、管道阀门、波纹管连接件、可伐陶瓷封接接头与法兰盘的连接件、钛泵中零部件的连接件，以及许多电真空器件外壳的连接件、零部件点焊和塞焊等多广泛采用氩弧焊。

d. 钎焊是利用熔点比母材低的填充金属(称为钎料)，经加热熔化后，利用液态钎料润湿母材，填充接头间隙并与母材相互扩散，实现连接的焊接方法。与其他焊接方法比较，钎焊具有变形小、基金属性能变化小、可同时完成多个零件的连接、并可连接不同的金属等优点。按照焊料的熔点和强度，钎焊可分为硬焊和软焊两类。硬焊焊料的熔点在 450 ℃以上，接头强度较高；软焊焊料的熔点在 450 ℃以下，接头强度低。

e. 电子束焊接是在真空条件下，从电子枪发射的电子束在高电压(通常为 20～300 kV)加速下，通过电磁透镜聚焦成高能量密度的电子束，当电子束轰击工件时，电子的动能转化为热能，焊区的局部温度聚升到 6 000 ℃以上，使工件材料溶化实现焊接。多用于不锈钢、铝合金、钨、钼及钽的焊接。

② 真空技术对焊缝的要求

a. 设计焊缝结构时，接头必须焊透，应避免产生聚集污物的有害空间。真空技术中常见的焊接结构如图 1-1 所示。从图中可以看出，正确的焊接总是将焊缝放在真空一侧，并且进行深度熔焊。错误的焊接多数都会形成死空间(气囊)，即两焊缝之间堵住一些空间，里面储有气体。

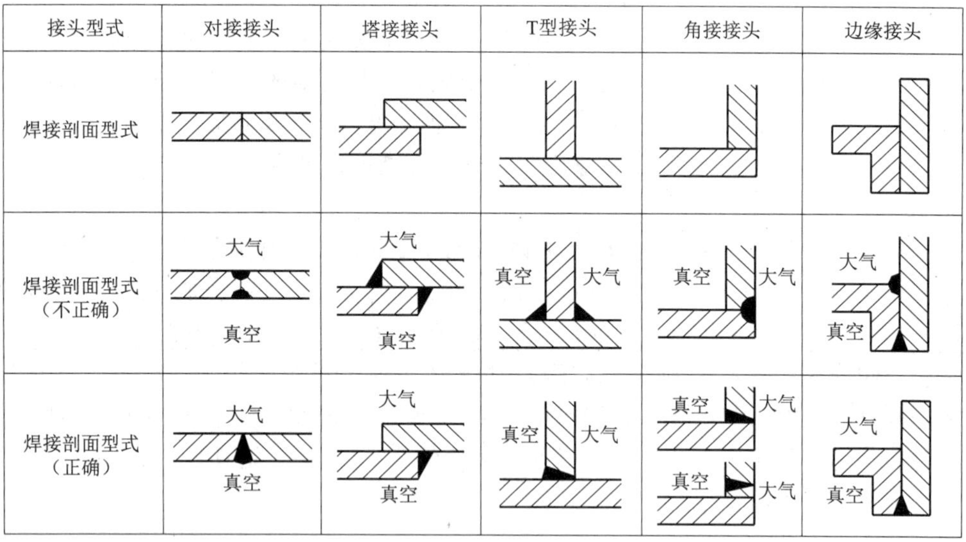

图 1-1 焊缝结构示意图

b. 焊缝应一次焊好，以避免两次焊接时造成有害空间而无法检漏。

c. 焊缝因强度需进行两面焊接时，内部焊缝应不漏气，为检漏起见，在进行外焊时，应设置钻孔和塞孔。

d. 容器内部需要进行结构焊接时，内部焊缝不应连续，以便让沟槽内的气体容易放出，而且结构焊缝不应与密封焊缝相交叉。

e. 焊接组件的设计应使最大数量的焊缝能在制造阶段分别测试，并能在最终装配前矫正。

f. 焊接密封的最大允许漏率不大于 1.3×10^{-6} Pa·L/s。如果漏率较高应当将焊缝磨掉，直到露出母材为止，然后重新焊接。切不要在原来产生漏气的地方进行两次焊接，因为补焊不但不易堵住漏孔，反而容易引起应力使焊缝产生新的裂缝。

(3) 真空胶合

利用环氧树脂和其他胶合剂可将金属、陶瓷和玻璃相互连接起来。如采用环氧树脂、石英粉和苯二甲酸酐按 100∶35∶40 的重量比混合并加热到 120～140 ℃。然后灌注到结合件之间，并在加热炉内恒温 14 h 左右，取出后冷却到室温。这种胶合连接不但机械性能好，而且绝缘性能也好，但使用温度不宜过高，常用于真空中电极引线与金属的绝缘层上。

2. 可拆密封

在真空系统上需要经常拆卸的部位，采用可拆密封，这种可拆密封性能和机械强度上虽然不如永久密封，但是真空系统的某些部位需要经常拆卸，因此可拆密封经常用到，其结构有以下几种。

(1) 法兰密封

① 真空法兰公称通径(GB 6070.1—1985)

本标准适用于低、中、高和超高真空法兰。

a. 真空法兰(包括导管)的公称通径一般应等于或稍小于实际内径。

b. 公称通径尺寸的规定见表 1-2。

表 1-2　真空法兰公称通径　mm

公称通径 D_N	公称通径 D_N	公称通径 D_N	公称通径 D_N
10	50	200	800
16	63	250	1 000
20	80	320	1 250
25	100	400	1 600
32	125	500	1 800
40	160	630	2 000

② 真空法兰连接型式(GB 6070.2—1985)

本标准适用于低、中、高真空设备和管路的法兰连接。

a. 本标准所用的两种法兰的连接型式如图 1-2～图 1-5 所示。

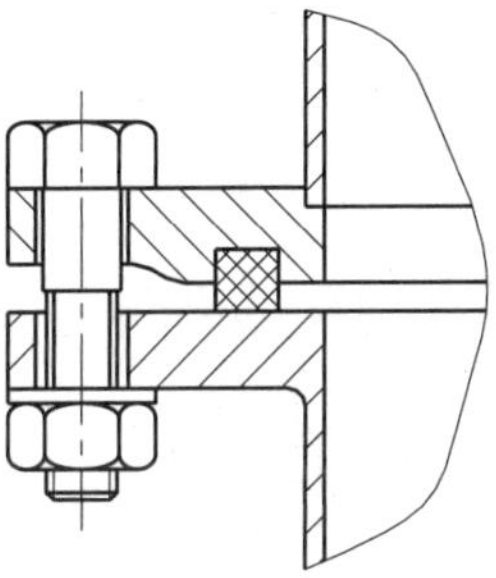

图 1-2　固定法兰与固定法兰连接示意图

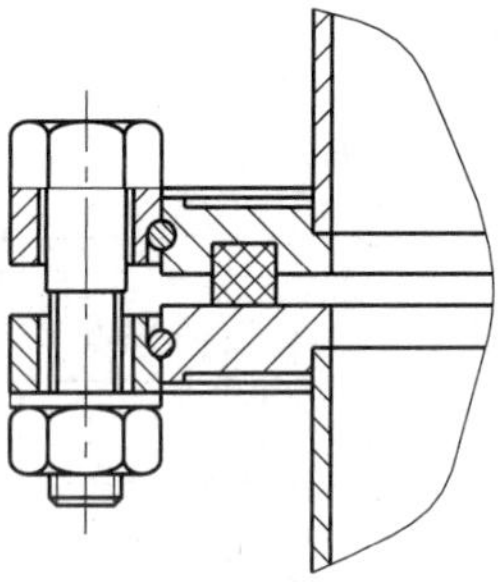

图 1-3　活套法兰与活套法兰连接示意图

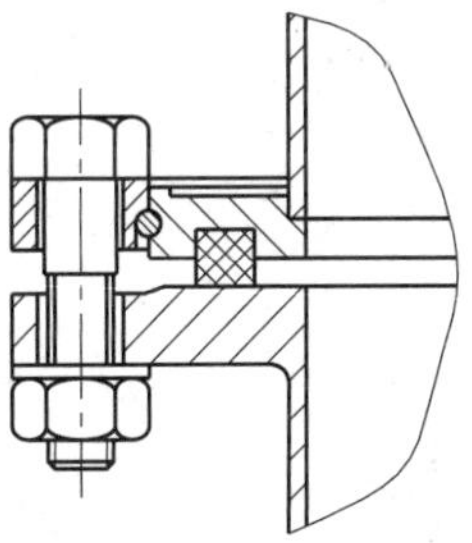

图 1-4　固定法兰与活套法兰连接示意图

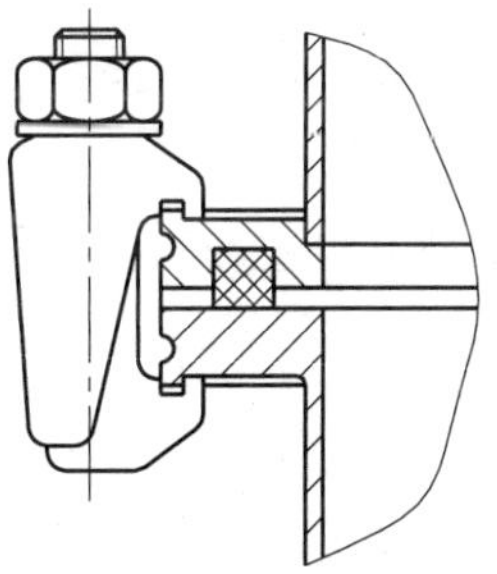

图 1-5　活套法兰与钩型螺栓连接示意图

b. 法兰密封结构为法兰开槽用矩形或圆形断面密封圈密封。密封槽应开在迎着气流方向的法兰平面上。

③ 固定真空法兰

适用于低、中、高真空设备和管路等用橡胶密封的固定法兰连接。其结构如图 1-6 所示，法兰尺寸可参见标准 GB 6070.3—1985。

④ 活套真空法兰

适用于低、中、高真空设备和管路等用橡胶密封的活套法兰连接。法兰的密封槽应开在迎着气流方向的法兰平面上。

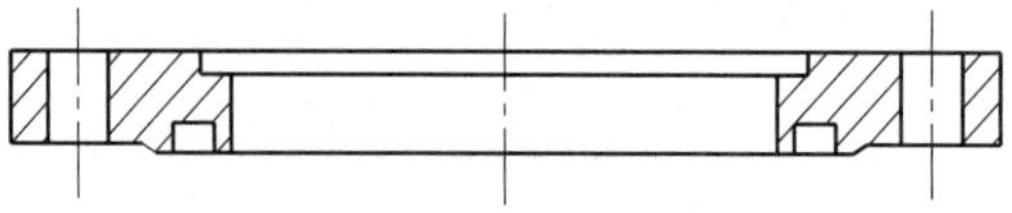

图 1-6　固定法兰

活套法兰及活套法兰套环所用材料一般为 A3 钢。要求防磁或防腐蚀，采用 1Cr18Ni9Ti 不锈钢，选用其他材料时应满足 GB 6070.3—1985《固定真空法兰》附录 A 线密封载荷和焊接性能的要求。

活套法兰及法兰套环的结构如图 1-7 和图 1-8 所示，法兰尺寸可参见标准 GB 6070.4—1985。

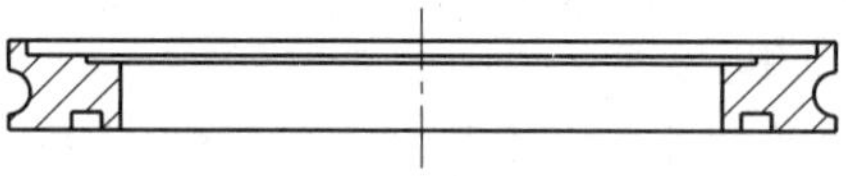

图 1-7　活套法兰

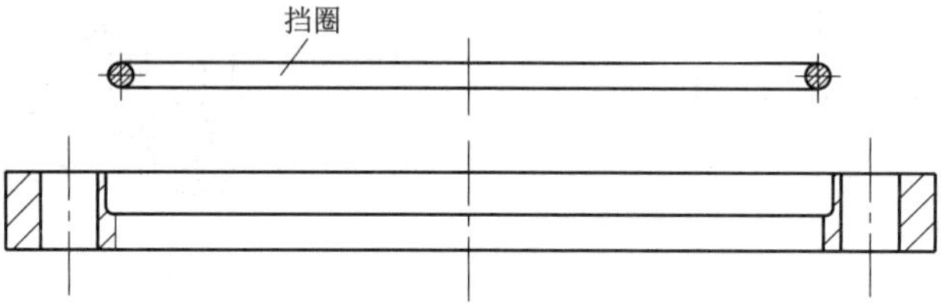

图 1-8　活套法兰套环

⑤ 夹紧型真空快卸法兰(GB 4982—1985)(ISO 2861/1-74)

本标准适用于低、中、高真空管路，其公称通径为 10～40 mm，用 O 型橡胶密封圈的夹紧型真空快卸法兰。

a. 夹紧型真空快卸法兰结构型式如图 1-9 所示。公称通径见表 1-3 规定。

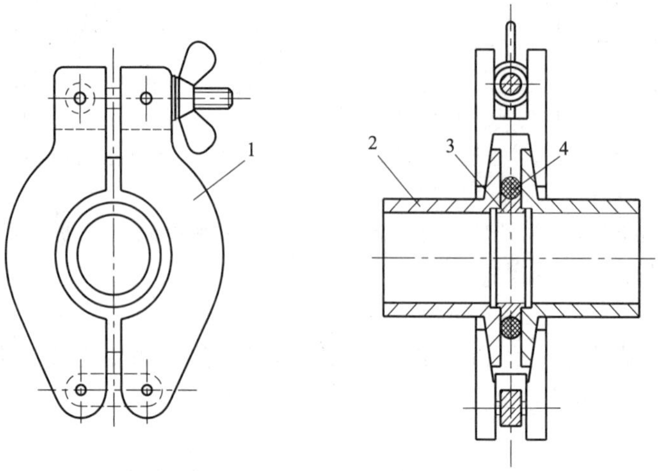

图 1-9　夹紧型真空快卸法兰结构图

1—卡箍；2—连接盘；3—O 型橡胶密封圈支架；4—O 型橡胶密封圈

表 1-3　夹紧型真空快卸法兰通径　　mm

参　数	数　值			
公称通径 D_N	10	16	25	40

b. 夹紧型真空快卸法兰公称通径标记方法：

例：公称通径为 25 mm 的夹紧型真空快卸法兰标记为：

夹紧型 DN25。

c. 卡箍材料推荐采用铸铝 ZL7。连接盘材料推荐采用 A3 钢、20[#] 钢、25[#] 钢或 1Cr18Ni9Ti，若采用 A3 钢、20[#] 钢、25[#] 钢时，则表面需要镀镍。O 型橡胶密封圈支架材料推荐采用 A3 钢、20[#] 钢、25[#] 钢、1Cr18Ni9Ti 不锈钢或铝合金。若采用 A3 钢、20[#] 钢、25[#] 钢时，则表面需要镀镍。

d. O 型橡胶密封圈型式如图 1-10 所示。尺寸见表 1-4 规定。

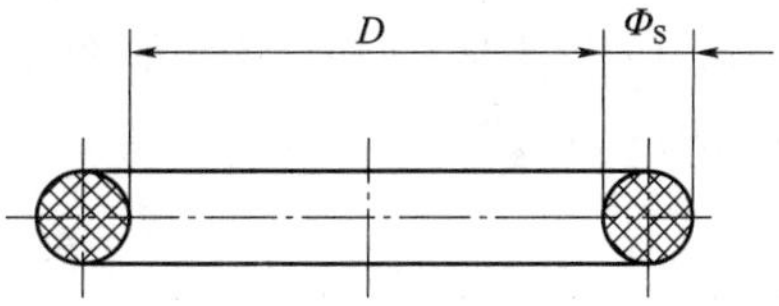

图 1-10　O 型橡胶圈

表 1-4　O 型橡胶密封圈尺寸　　mm

公称通径 D_N	D	Φ_S
10	15	5
16	18	5
25	28	5
40	42	5

⑥ 拧紧型真空快卸法兰（GB 4983—1985）

本标准适用于低、中、高真空管路，其公称通径为 10～40 mm，用 O 型橡胶密封圈的拧紧型真空快卸法兰。

a. 拧紧型真空快卸法兰结构型式如图 1-11 所示。通径见表 1-5 规定。

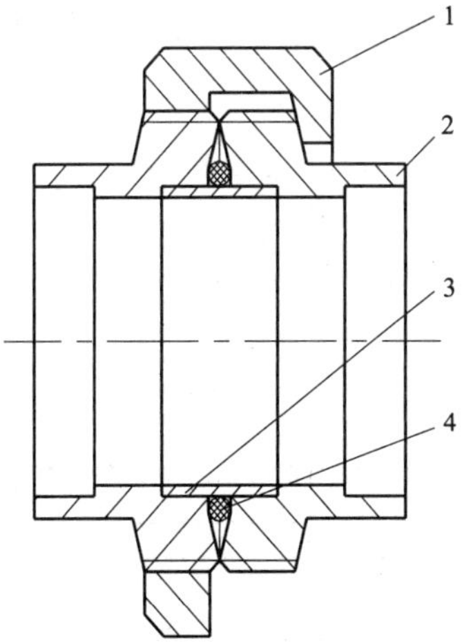

图 1-11　拧紧型真空快卸法兰结构图

1—螺母；2—尾管；3—衬套；4—O 型橡胶密封圈

表 1-5　拧紧型真空快卸法兰通径　mm

参　数	数　值			
公称通径 D_N	10	16	25	40

b. 拧紧型真空快卸法兰公称通径标记方法：

例：公称通径为 25 mm 的拧紧型真空快卸法兰标记为：拧紧型 DN25。

c. 螺母材料推荐采用 20# 钢，1Cr18Ni9Ti 不锈钢，铝合金或硬塑料 ABS(黑色)。

d. O 型橡胶密封圈型式如图 1-12 所示，尺寸见表 1-6 规定。

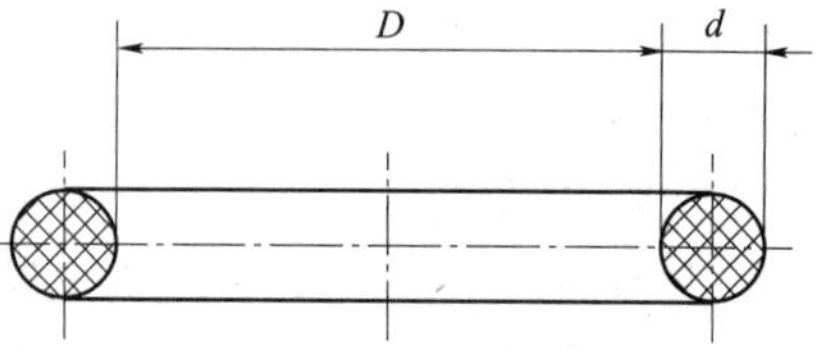

图 1-12　O 型橡胶密封圈

表 1-6　O 型橡胶密封圈尺寸　mm

公称通径 D_N	D	d
10	14.6	2.4
16	19.6	2.4
25	27.5	3.0
40	41.5	3.0

⑦ 铀浓缩设备真空法兰

适用于铀浓缩设备和管路的法兰连接。

a. 法兰连接型式如图 1-13 所示。

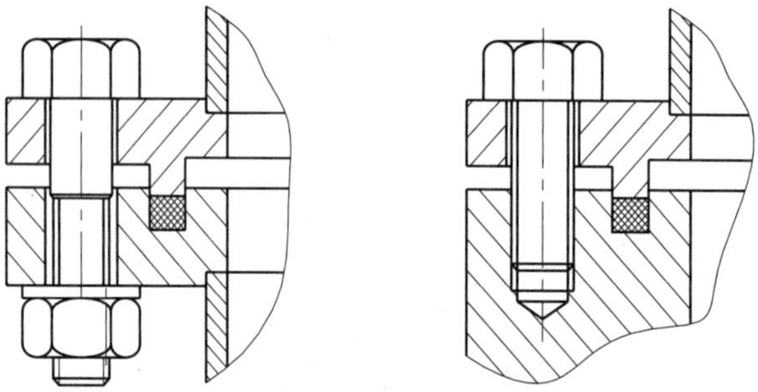
图 1-13　铀浓缩设备真空法兰连接示意图

b. 法兰密封结构为凹凸法兰用矩形断面密封圈密封。凹法兰的密封槽应开在迎着气流方向的法兰平面上。

c. 法兰结构如图 1-14 所示，法兰尺寸可参见标准。

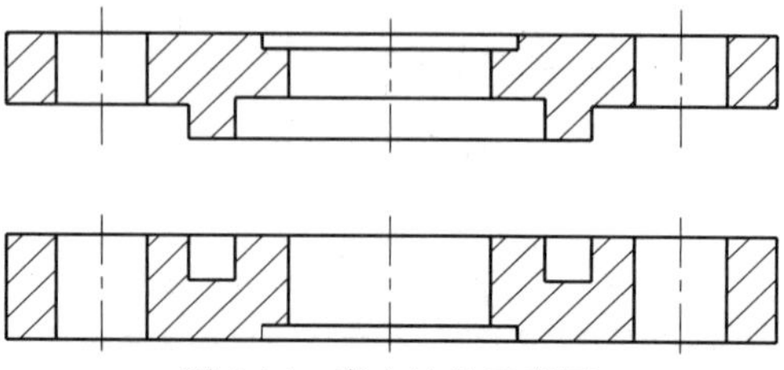
图 1-14　真空法兰示意图

d. 矩形橡胶密封圈型式如图 1-15 所示，尺寸标注见表 1-7 规定。

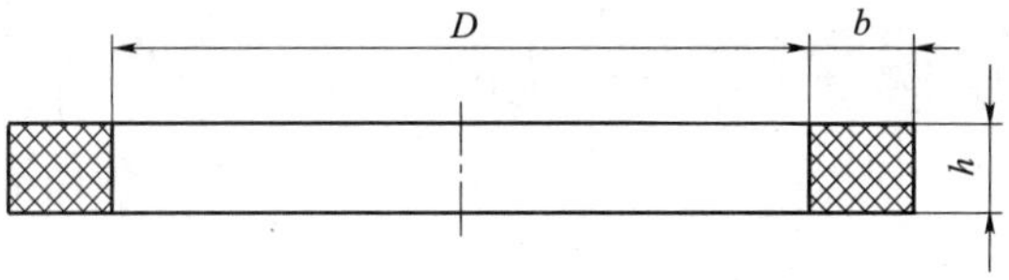

图 1-15 矩形橡胶密封圈示意图

表 1-7 矩形橡胶密封圈尺寸标注 mm

参 数	尺寸标注
公称通径 D_N	$D\times b\times h$

例：ϕ25 真空阀门（直通）的橡胶密封圈标注为：45×5×5.5(mm)。

(2) 管接头密封

管接头密封连接件主要有三种，即真空橡胶管、塑料管、玻纹管。真空橡胶管是用橡胶制成的一种厚壁管，用于直径小于 50 mm 的机械真空泵入口处，也可以连接金属管、玻璃管及其零件。为了适应大抽速真空系统预抽管道的要求，可采用金属波纹管连接。

① 真空管道密封接头（Q/WH5-87）

真空管道密封接头适用于真空度在 10^{-4} Pa 以下的金属真空系统，接头型式如图 1-16 所示。

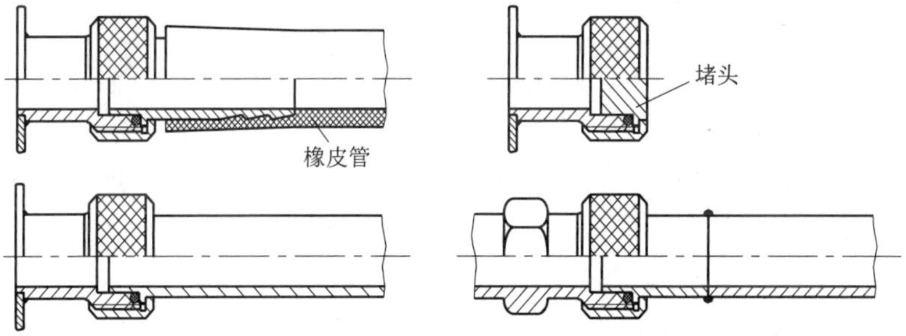

图 1-16 真空密封接头

② 真空规管密封接头（GB 6308.1—1986）

本标准适用于真空系统真空测量用橡胶密封的测量规管接头。

橡胶密封的真空规管接头型式分为Ⅰ型、Ⅱ型、Ⅲ型，其结构型式如图 1-17 所示。

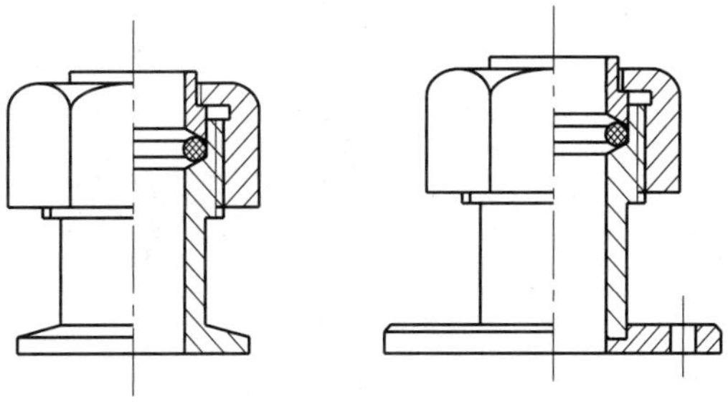

Ⅰ型 Ⅱ型 Ⅲ型

图 1-17 真空规管接头

Ⅰ型接头为快速连接型,其快速连接法兰应符合 GB 4982～4983—1985《真空快卸法兰》的规定。

Ⅱ型接头为法兰连接型,其法兰应符合 GB 6070—1985《真空法兰》的规定。

Ⅲ型法兰为焊接型,其焊接方式与接管长度可根据设备结构需要确定。

③ 电输入密封

将电流输入到真空容器中去进行供电,在各种真空设备上是经常遇到的,对于金属真空设备的引电装置,应采用可拆卸的连接密封,以便于维修。

常用的电输入密封结构有:接线柱式密封、固定式导电杆密封、高压电输入密封、高频感应电输入密封、低电压大电流的电极密封、导线的真空密封。

接线柱式密封结构(图 1-18)是一般真空设备上最常采用的把电引入到真空室中去的一种结构。

三、动密封

把运动传递到真空容器中所需要的密封称为动密封。在真空系统中,各种真空阀门的开启和关闭机构的传动、真空泵轴的转动等都需要用动密封连接来保证。

真空动密封的连接结构与工作在常压下的密封结构有所不同。这种密封除要求其本身有足够的强度、寿命和合理的外形尺寸外,还必须保证动密封连接漏率在设计要求的允许漏率范围之内。

动密封传递的运动形式通常有:传动轴的转动、传动轴的往复直线运动、传动轴的摆动。

1. 接触密封

(1) 橡胶圈密封

① J 型橡胶圈密封结构

这种被称为威尔逊密封装置的结构如图 1-19 所示。它的工作原理是利用安装后中央凸起,并紧箍在旋转轴上呈锥形的橡胶垫圈,当内部达到真空时,外部大气压力把橡胶圈紧紧地压在转轴上而达到真空密封的目的。在这种结构的标准(JB 1090—1983)中,轴径可在 $\phi6\sim\phi200$ mm 范围内选取,共有 35 种规格。适用于气体压力不低于 10^{-4} Pa,在规定的温度,线速度小于 2 m/s,转速小于 20 000 r/min 和外部为大气压力的真空转轴密封。

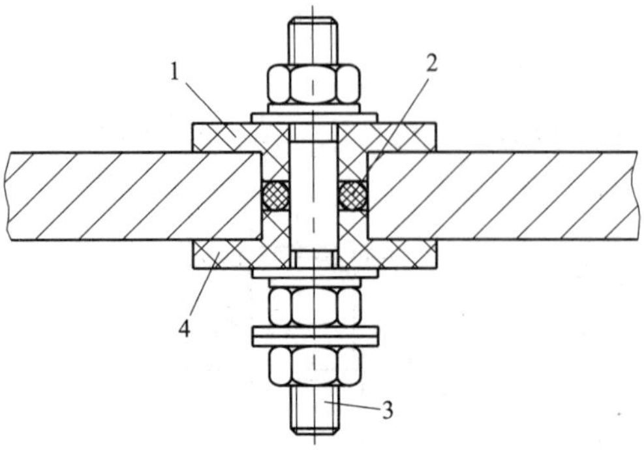

图 1-18 接线柱密封结构

1—绝缘垫;2—密封圈;3—导电柱;4—绝缘垫

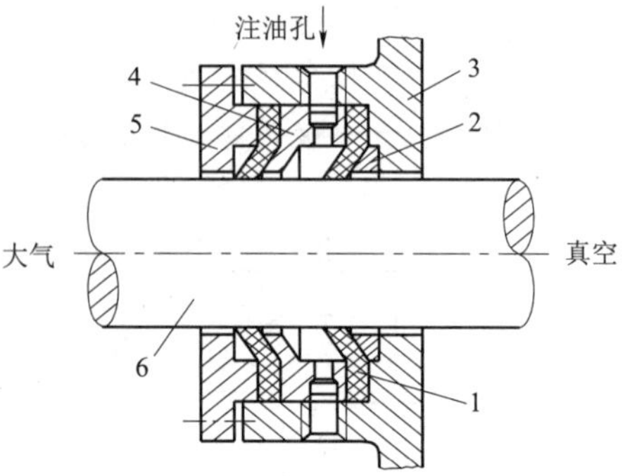

图 1-19 J 型动密封结构

1—J 型橡胶圈;2—平垫;3—轴承座;4—密封压套;5—轴承盖;6—轴承

② JO 型橡胶圈密封结构

JO 型橡胶圈密封结构如图 1-20 所示。这种带锁紧弹簧的结构是在 J 型橡胶密封圈结构的基础上改进而成的。油封式机械真空泵的轴封装置常常采用这种密封结构。它在标准(JB 1091—1983)中的轴径范围为 $\phi6\sim\phi200$ mm,共有 35 种规格。适用于气体压力不低于 10^{-4} Pa,在规定的温度,线速度小于 2 m/s,转速小于 20 000 r/min 和外部为大气压力的真空转轴密封。

③ O 型橡胶圈密封结构

O 型橡胶圈密封结构又称橡胶填料盒密封。如图 1-21 所示,在它的标准结构(JB 1092—1983)中,轴径在 $\phi3\sim\phi200$ mm 范围内共有 38 种规格。适用于气体压力不低于 10^{-4} Pa,在规定的温度下,往复运动速度小于 0.2 m/s 时的真空转轴密封。

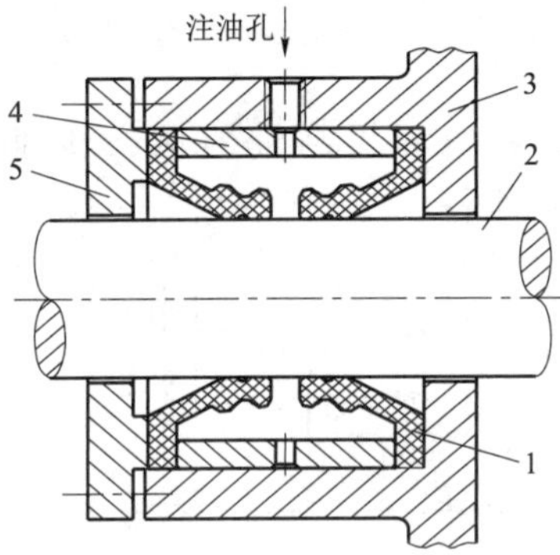

图 1-20　JO 型动密封结构

1—JO 型橡胶圈;2—轴承;3—轴承座;4—密封压套;5—轴承盖

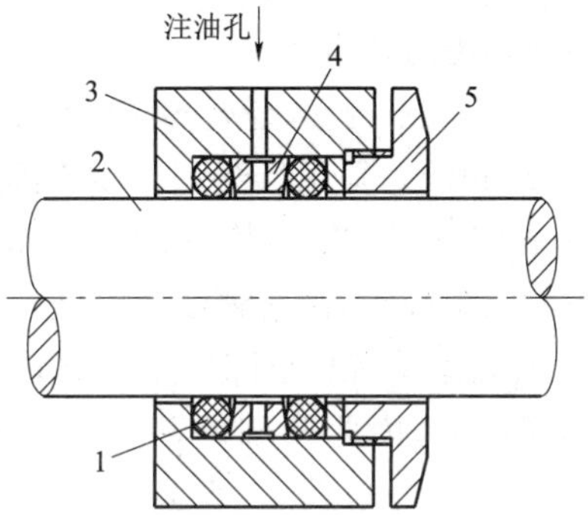

图 1-21　O 型动密封结构

1—O 型橡胶圈;2—轴承;3—轴承座;4—密封压套;5—轴承盖

(2) 液体密封

① 液态金属密封

利用液态金属的表面张力,来改善转轴的密封性能。它要求转轴与密封面的间隙一般在 0.1～0.15 mm。液态金属长期暴露在大气中会因氧化产生杂质,所以应尽量避免同大气接触。液态金属密封的保护真空应在 10^3 Pa 以下,旋转速度从 10 r/min 到数千转/分钟。

② 磁流体密封

1965 年由美国 Papell 发明的磁流体是把磁铁矿等强磁性的细微粉末(约 10 nm)放入水、油类、脂类、醚类等液体中形成稳定分散的一种胶态液体。这种液体具有在通常离心力和磁场作用下,既不下沉和凝聚,又具有磁性,把这种液态磁性体用于真空转轴的密封,称为真空磁流体密封。

磁流体密封原理:由圆环形永久磁铁、极靴和转轴组成磁回路。磁铁产生的磁场使磁流体集中在轴与极靴顶端缝隙中,形成一个所谓的磁流体密封 O 型环,从而实现密封。转轴材料可以是磁性体(图 1-22a)和非磁性体(图 1-22b),前者磁束集中于间隙处并通过转轴构成磁回路,后者磁束不通过转轴,而是通过密封间隙中的磁流体构成磁回路。

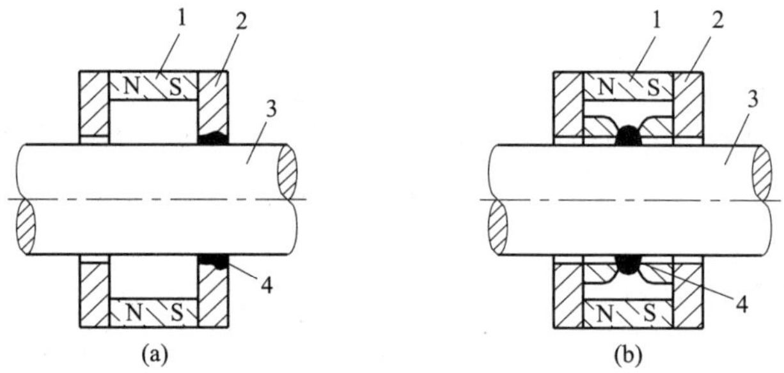

图 1-22　磁流体密封结构

1—永久磁铁;2—极靴;3—旋转轴;4—磁流体

磁流体密封优点:

a. 磁流体密封真空转轴的摩擦力很小,可减少功耗和提高轴的最高转速(可达 120 000 r/min)。采用低蒸汽压磁流体密封,可使真空度维持在 10^{-7} Pa 以上。

b. 磁流体密封结构简单、维护方便,轴与极靴的间隙较大,制造精度要求低。

c. 磁流体在密封空隙中是由磁铁产生的磁场固定的,因此转轴的起动和停止比较方便。

磁流体密封在高温下不稳定,工作温度一般在 −30～100 ℃。

2. 非接触密封

(1) 减压密封(通道式真空动密封)

减压密封也称通道式真空动密封。如图 1-23 所示,这种动密封是借助于动态真空系统的特性,即动态系统允许系统中存在微小的漏隙,从而提供了向真空系统传递运动的又一种较为简单的方法。

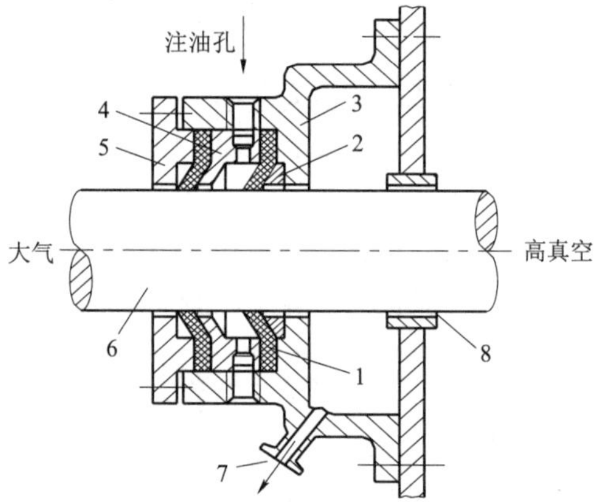

图 1-23　减压密封结构

1—J 型橡胶圈;2—平垫;3—轴承座;4—密封压套;5—轴承盖;6—轴承;7—抽真空接口;8—缝隙通道

(2) 分子运动密封

向高真空传递高速旋转运动时,也可以利用在真空获得设备中已经论述过的分子泵的工作原理来实现真空动密封。这种密封装置与减压密封相同,也需要有一个预抽真空的附加真空容器,而且被密封的轴应具有较高的转数。

(3) 磁连接隔板密封

利用磁力把动力传递到真空容器中去的密封装置比较简单,其原理如图 1-24 所示。

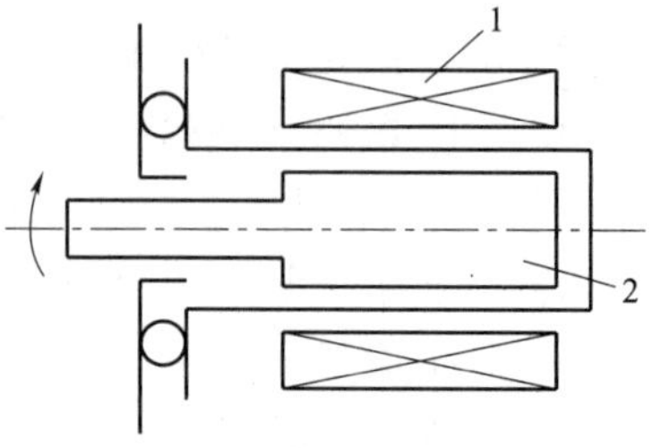

图 1-24　磁联式动密封原理

1—旋转电磁场线圈;2—转子

这种密封就是在真空容器外施加一个旋转磁场,该磁场带动真空容器内鼠笼式转子转动,即可达到隔板密封的目的。

3. 软件变形密封

(1) 非金属软件密封

非金属软件密封的主要密封物质是真空橡胶管。由于橡胶管放气和不能承受高温，因此，对要求达到 1.3×10^{-4} Pa 以下的压强，或应进行高温烘烤的真空设备，限制使用这种连接。真空橡胶管所传递的运动形式主要有两种，即直线运动和旋转运动。

(2) 金属软件密封

金属软件密封是采用金属波纹管实现向真空中传递直线运动、摆动和旋转运动。用金属波纹管制成的动密封装置，不但结构简单，而且易实现两种或多种形式的传动。由于金属波纹管的管壁较薄，并且富有弹性，容易弯曲、伸张和压缩，又能经受高温烘烤，因此，在真空设备上得到了广泛应用。

四、金属及其合金

在真空系统设计与制造中常用的金属及其合金主要有：不锈钢、低碳钢、铜、铝、金、钨、钼、钽、铌、钛、镓、铟、可伐合金、磁性合金等。金属铸件由于表面粗糙，微孔较多，很少用于制造高真空系统零件。高级铸铁及有色金属铸件大多用于制造各种机械真空泵，但要求铸件有更高的致密性；通常采用的铸铁牌号有 HT30-54、HT25-47 等。铸造铝合金为 ZL203、ZL109 等。工作温度较高时，青铜铸件不应含有磷、锌、镉等。真空度低于 1.3×10^{-3} Pa 的高真空和低真空装置，广泛采用优质低碳的 20[#] 钢作壳体和真空管道。这种钢价廉，切削加工及压力加工、电焊、钎焊性能均好，为了防止锈蚀，通常要进行镀镍或镀铬。

1. 不锈钢

真空度为 1.3×10^{-5} Pa 以上的高真空和超高真空系统中，最好用 1Cr18Ni9Ti 的奥氏体不锈钢制造真空容器、管道或其他零部件。这种不锈钢防锈、焊接性好，放气率低，无磁性，有低的导电及导热性能，能在 −270～900 ℃ 范围内工作。并具有高的强度、塑性及切性。当需要抗腐蚀、耐高温或淬火时，则采用 2Cr13、3Cr13 或 4Cr13 不锈钢为宜，如轴、阀盖，封口等。Cr20Ni80 不锈钢适于制造真空系统中各种高温下抗腐蚀的零部件及薄壁件等。有的也用 Cr25 制造真空系统中的隔热屏，耐热件或与玻璃相连接的组件。

2. 碳钢

碳钢用于低真空的情况比较多，根据工艺的要求，其真空内表面或镀层涂覆或裸露抛光。除了镀层表面以外，碳钢表面放气速率比不锈钢大得多，尤其是锈蚀表面放气量更大，表面状态好坏，是影响碳钢真空性能的主要因素。所以，应尽量使内表面光滑、无锈。通常情况下真空度越高，则对内表面的要求也越严格。实践表明：室温时由大气渗透到真空中去的气体是很少的。然而随着温度的升高，这种渗漏量将急剧增加。此外，在真空系统设计中，优先考虑的是材质的真空及物理和机械性能，故大多采用低碳钢或不锈钢为宜。

常用碳钢的性能主要有：20[#] 钢，具有良好的焊接性能，成型工艺性好，多用于制造真空容器、阀、管道及其他构件，以及蒸汽流泵的导流管或泵体等；45[#] 钢主要用于制造轴、杆件、螺纹类零件以及重负荷的传动基件等；8[#]、10[#]、15[#] 钢有较好的焊接性能和可塑性能，多用于薄壁件的制造；A3 钢因质地不均不纯只能制造一些外部的附件。

3. 可伐合金

可伐是一种铁镍钴合金,具有与玻璃、陶瓷相近的膨胀系数,用于与玻璃、陶瓷构成真空密封封接。牌号为4J29的可伐,热膨胀系数为$(4.7\sim6.4)\times10^{-6}$,适合于钼组玻璃DM-346封接。牌号为4J33、4J31、4J34的可伐,热膨胀系数为$(6\sim8.5)\times10^{-6}$,适合于95陶瓷封接。可伐中的钴在合金加热时能形成易熔化的氧化物,有利于在金属上涂覆玻璃或陶瓷。可伐可以用软焊料或硬焊料进行钎焊;经过退火后也可进行模压成型或切削加工。

4. 磁性合金

磁性材料分软磁性和硬磁性两种。软磁性材料主要有:纯铁、硅钢、镍铁合金、钴铝铁合金、钴铁合金等。软磁材料的导磁性很高,矫顽磁力不大,磁滞损耗也很小。常用作导磁材料、变压器铁芯、电磁牵引线圈的衔铁等。硬磁材料和软磁材料的主要区别在于硬磁材料的矫顽磁力大,剩磁感应也较大。硬磁材料常用于制造永久磁铁。为了提高硬磁材料的稳定性,不因振动而退磁,通常加入钨、钼、铬、钴等金属形成合金钢。

5. 铜及其合金

铜有高的塑性,良好的导电和导热性能,常用于导电材料。在真空系统中尤其以紫铜(纯铜)、无氧铜为多。黄铜具有较高的塑性,在压力加工下可制成形状复杂的零件,但由于含锌高,在加热时会影响真空度、污染设备。其使用温度小于等于150 ℃,多用于低真空中,常用牌号为H_{62}、H_{68}等。在真空设备中所用的弹性元件、波纹管、电触点和蜗轮等,由于青铜机械强度较大,多用不含锡和锌的铝青铜或铍青铜制造。在高真空和超高真空中主要用紫铜和无氧铜,如蒸汽流泵的喷嘴、障板、冷阱、密封、电极等。常用的牌号有T_3、T_4。无氧铜是紫铜的一种,它除具有紫铜的性质以外,由于其含氧量极低,又不含有氧化亚铜,故在受热时不产生脆裂,有利于超高真空的获得和维持。无氧铜分为1# 无氧铜($T_{\mu1}$)、2# 无氧铜($T_{\mu2}$)、磷脱氧铜($T_{\mu P}$)和锰脱氧铜(T_{μ}Mn)。真空系统中常用$T_{\mu1}$、$T_{\mu2}$、$T_{\mu P}$作为金属和玻璃或陶瓷之间封接的过渡材料。

6. 铝

铝由于质轻、易成型、导热导电性能仅次于铜,又是非磁性材料,故常用作真空室内的轻型支架、扩散泵的喷嘴、导流管、挡油障板以及真空器件中的电极、边杆等。拉制或压制的铝由于质地密实,很少透气,故可作为易炸容器的防暴孔膜片等。

7. 稀有难熔金属

在真空技术中用途最多的稀有难熔金属材料是钨、钼、钽、铌。大多用于制造加热装置的电热体和隔热屏。

钛在真空技术中主要用作吸气剂,它有着优异的吸气性能,几乎能和除惰性气体以外的所有气体发生化学反应。钛泵和电离机构的组合,是获得超高、无油真空的典型设备。

金、银在真空系统设计中主要用于超高真空的密封,银焊等。

8. 易熔金属

真空系统中常见多用的易熔(液态)金属主要有铟、镓、锡、铋等。或单质或合金皆可作为超高真空的截止密封阀。

五、非金属材料

真空系统中的非金属材料主要有密封物质和绝缘物质两类。

1. 玻璃与陶瓷

(1) 玻璃

玻璃主要用于制造玻璃真空系统及其零件,金属系统的观察窗,钟罩,电极绝缘体等。玻璃对气体的吸附力强,放气率大,但在真空中加热至200～300 ℃时,吸附的气体便很快地放出(解吸)。石英玻璃耐热和热稳定性均较高,适用于高真空和超高真空。钼组玻璃与可伐合金的热膨胀系数相近,用于制造规管和电极绝缘体。含铅特别高的DH-704可用于防X射线的视窗。

真空系统中常用的玻璃可分为:铂组玻璃(DB系列)、钼组玻璃(DM系列)、钨组玻璃(DW系列)、铅玻璃(DH系列)、硬质玻璃(GG-17)和石英玻璃等。玻璃只有软化点而无确切的熔点。实验表明:由于氦分子极小,故对其玻璃的渗透颇为显著,对超高真空系统影响很大。

(2) 陶瓷

陶瓷用于真空技术中代替玻璃作耐高温的电气绝缘体。氧化铝陶瓷(70%～96% Al_2O_3)热稳定性高,耐高温(软化温度为1 900 ℃)。能与可伐封接成强度高,达到超高真空密封的零件。在高真空和超高真空中使用最广泛的为95陶瓷(含95% Al_2O_3);这种瓷的热胀系数为$(6.5\sim8.5)\times10^{-6}$,材质致密,放气率低。陶瓷中含$SiO_2$高、松散和表面粗糙时,真空性能变坏。陶瓷种类较多,但在真空中采用的都是高频和超高频陶瓷。

2. 橡胶与塑料

(1) 橡胶

真空橡胶按其性能分普通、耐油、耐热等几种。其放气率和透气率显著低于普通橡胶。在低、高真空中广泛采用丁基、氯丁、丁腈等橡胶。丁腈、氯丁橡胶均呈黑色,有耐油性能,工作温度范围在－20～80 ℃,在90～100 ℃时出现永久变形,低于－20 ℃时弹性减弱。氟橡胶具有更低的放气率,耐油,适用于高真空和超高真空中,其工作温度为－10～200 ℃。真空橡胶在常温下放气率不高,但随温度的升高放气率急剧增加。氯丁橡胶在真空中易挥发,适用于低真空。丁基橡胶可用于1.3×10^{-5} Pa真空系统中,当真空度高于1.3×10^{-6} Pa时,出现升华,其重量损失可达30%。丁腈橡胶的耐油性及其他各种性能均较完善,但在真空中其放气量和透气性较大,适于1.3×10^{-3} Pa以下的真空密封。氟橡胶是一种耐热性好、放气量小、透气性低的材料,应用颇广,可用于$1.3\times10^{-5}\sim1.3\times10^{-8}$ Pa的密封。在1.3×10^{-7} Pa下氟橡胶因升华只减少重量的2%左右,并不影响密封,故特别适于高真空。硅橡胶的耐热耐寒性均好,但透气性大,适用于较低温度或较高温度下的中真空。特氟隆(聚四氟乙烯)是一种合成树脂,弹性较小,易于冷压变形,但其透气性和放气量均小,是适于高真空下耐温、绝缘、密封三者兼优的好材料。

(2) 塑料

在真空系统中常用的是聚四氟乙烯和聚乙烯两种塑料,以前者为多。氟塑料在常温下放气率很低,工作温度可达300 ℃,用于高真空和超高真空中的密封垫圈、电绝缘体和热绝缘体等。它可同时接受温度、绝缘、隔热、密封的作用,如作电极等。化学稳定性极高,其稳定性超过金、铂,与三大强酸和氢氟酸都不起作用,不能燃烧、不起化学反应、防腐,摩擦系数很低(0.03～1),可作无油轴承材料,或高速转动的密封圈。在真空性能方面,聚四氟乙烯的渗透率及放气率都很小,完全能满足要求。有效压缩比为≤30 kg/cm²。

3. 密封材料

密封材料主要依真空密封的部位和真空度不同分为封蜡、封脂、封泥和封漆等。

(1) 真空封脂

真空封脂多用于真空系统的磨口、活栓及活动连接处的密封和润滑,是一种脂膏状物质。上海炼油厂产的1#、2#、3#、4#脂,其饱和蒸汽压均低于1.3×10^{-4} Pa,黏度依次从小到大。封脂的选用应依地点、温度、设备情况等综合考虑。如冬季室温可选用软而黏度小的1#脂,夏季室温选用硬而黏度大的2#脂,使用条件要求不高时可选用3#脂,温度较高时选用4#脂为宜。使用时应涂得少而匀,以免污染系统。

(2) 真空封蜡

真空封蜡是由沥青、虫胶、蜂胶等有机物制成的,用于可折不可动的接头处密封或填封小漏孔等。软化温度为50～100 ℃,使用时加热软化涂于漏处,其饱和蒸汽压在1.3×10^{-4} Pa以下。市售产品有20#、50#、80#几种,以80#黏度为最大。

(3) 真空封泥

真空封泥是由高黏度低蒸汽压的石蜡与高山黏土拌合而成的一种油泥。可塑性好易成型。饱和蒸汽压不大于6.6×10^{-2} Pa,使用温度在30 ℃以下。适于低真空系统略有振动且常拆卸的部位,或临时密封用。对金属和非金属均有很好的附着力。

(4) 真空漆

真空漆是由浓缩苯二甲酸和甘油而得到的。可刷涂或喷涂于零件表面及焊缝中小漏隙处。饱和蒸汽压较低,能耐200 ℃以下温度。在低真空下也可用虫胶漆(俗称洋干漆)填封漏隙。

第二节　编写技术文件

学习目标:通过本部分的学习,使学员掌握技术报告撰写等相关知识。

一、技术报告撰写方法

1. 技术报告概述

技术报告,亦称技术论文,是描述一项科学技术研究的结果和进展或一项技术研制试验和评价的结果,或是论述某项科学技术问题的现状和发展的文件。技术报告中一般应提供系统的或按工作进程的充分信息,可以包括正反两方面的结果和经验,以便有关人员和读者判断和评价,以及对报告中的结论和建议提出修正意见。技术报告主要用于科学技术研究及其成果的描述,是研究成果的体现。运用它们进行成果推广、信息交流、促进科学技术的发展。技术报告为表达技术研究成果的重要文件,因此制作技术报告或研究论文成为工程类技师分享工作经验及成果必要的技能之一。本节简要说明技术报告写作的要点,并扼要描述内容架构,统一技术报告撰写和编辑的格式。

2. 技术报告的特点

(1) 学术性

学术性又称理论性。技术报告是一种纯学术性的文章。它要求运用科学的原理和方法，对自然科学领域新问题进行科学分析，严密论证，抽象概括。虽然它取材于某一研究项目，某一实验，某一新产品研制等，但绝不是客观事物的外观形态和过程的描述，或者就事论事地进行叙述。而是经过提炼、加工，从理论上做出说明。可见，学术性是技术报告最基本的特征。

(2) 创造性

衡量技术报告价值的根本标准就在于它的创造性。如果没有新创造、新见解、新发现、新发明，就没有必要写论文。因为科学研究的目的就在于创造。作为科研成果的论文，它的任务即是进行学术交流，实现其科学价值。可见，广大科技人员，如果只能继承，没有创造，人类的文明和历史，就不会得到发展。

3. 技术报告的选题

技术报告选题是确定专攻方向，明确解决的主要问题。选题不能单凭个人兴趣，或者一时热情，而要从实际出发，选择那些有价值的，能促进科学技术发展，或在生产和建设上、人民生活中，需要迫切解决的有重大效益的课题。怎样选择呢？

(1) 选择本学科亟待解决的问题

各个自然学科领域之中，都有一些亟待解决的课题。有的是关系到国计民生的重大问题，有的是该学科发展中的关键问题，有的是当前迫切需要解决的问题。因此，我们必须坚持为社会主义现代化建设服务的方向，选择这些亟待解决的课题。

(2) 选择本学科处于前沿位置的课题

凡是科学上的新发现、新发明、新创造，都有重大科学价值，必将对科学技术发展起推动作用。因此，选题要敢于创新，选择那些在本学科的发展中，处于前沿位置，有重大科学价值的课题。经过苦心研究，取得独创性成果，为人类科学技术事业的发展做出新贡献。

(3) 选择预想获得理想效果的课题

选题一定要避免盲目性。选择那些能发挥本人业务专长和利于展开的课题。或者选择那些比较熟悉或感兴趣的课题。这样，可以发挥个人优势。题目大小适中，又选准了突破口，就能获得理想的效果。

(4) 选择课题应注意可行性

选题时，要考虑到主客观条件，一定是经过努力能够实现的。具体讲，表现在下述三个方面：

① 科学原理上是可行的，绝不能违反自然规律和科学原理。

② 考虑研究者本身的知识水平，科研能力，不可贪大，甚至超过个人实际能力。

③ 考虑研究经费、实验场所(地)、仪器、设备、检测手段等条件上的可行性。不能不顾及条件，盲目上马。初学写作人员选题不宜过大，涉及范围不宜过宽，否则，困难很大，不易完成，题目小点却容易写作。只要写作方法对头，思路正确，题目虽小点却可以把论题写深写透，这样的论文还是有较高价值的。

4. 技术报告的基本结构

随着科学技术飞速发展，技术报告大量发表，越来越要求论文作者以规范化、标准化的固定结构模式(即通用型格式)来表达他们的研究过程和成果。这种通用型结构形式,是经过长期实践,人们总结出来的论文写作的表达形式和规律。这种结构形式,是最明确、最易令人理解的表达科研成果的好形式。其通用型基本格式构成项目如下:

(1) 标题

技术报告标题选择与确定问题,除了遵循前述的方法外,其标题应尽量少用副标题。同时,这种标题不能用艺术加工过的文学语言,更不得用口号式的标题。它最基本的要求是醒目、能鲜明概括出文章的中心论题,以便引起读者关注。技术报告标题还要避免使用符号和特殊术语,应该使用一般常用的通俗化的词语,以使本学科专家或同行一看便知,而且外学科的人员和有一定文化程度的群众也能理解,这才有利于交流与传播。

(2) 作者及其工作单位

该项主要体现论文作者的文责自负的精神,记录了作者辛勤劳动及其对人类科学技术事业所做出的奉献。因此,发表论文必须签署作者姓名。署名时,可用集体名称,或用个人名义。个人署名只用真实姓名,切不可使用笔名,别名。并写明工作单位和住址,以便联系。

由于现代科学技术研究工作趋于综合化、社会化,需要较多人员参加研究,署名时,可按其贡献大小,排序署名。只参加某部分,某一实验及对研究工作给以支助的人,不再署名,可在致谢中写明。

(3) 摘要

摘要又称提要,一般论文的前面都有摘要。设立该项的目的是为了方便读者概略了解论文的内容,以便确定是否阅读全文,或其中一部分,同时也是为了方便科技信息人员编文摘和索引检索工具。摘要是论文的基本思想的缩影,虽然放在前面,但它是在全文完稿后才撰写的。有时,为了国际学术交流,还要把中文摘要译成英文或其他文种。摘要所撰写内容大体如下:

① 本课题研究范围,目的以及在该学科中所占的位置。

② 研究的主要内容和研究方法。

③ 主要成果及其实用价值。

④ 主要结论。

摘要撰写要求是:准确而高度概括论文的主要内容,一般不作评价。文字要求精练、明白,用字严格推敲。摘要内容中一般不举例证,不讲过程,不做工作对比,不用图、图解、简表、化学结构式等,只用标准科学命名,术语、惯用缩写、符号。其字数一般不超过正文的5%。近年来,为了便于制作索引和电子计算机检索,要求在摘要之后提出本篇论文的关键词(或主题词),以供检索之用。

(4) 引言

引言是一篇技术报告的开场白,它写在正文之前。每篇论文引言,主要用以说明论文主题、总纲。常见的引言包括下述内容:

课题的提出背景、性质范围、研究目的及其重要性。

前人研究经过、成果、问题及其评价。

概述达到理想答案的方法。

引言一般不分段落,若论文内容较长、涉及面较广,可按上述三个内容分成三个段落。引言里,作者不应表示谦意,也不能抬高自己、贬低别人,对论文评价,应让读者去作。

（5）正文

正文是论文的主体，占全篇幅的绝大部分。论文的创造性主要通过本部分表达出来，同时，也反映出论文的学术水平。写好正文要有材料、内容，然后有概念、判断、推理，最终形成观点，也就是说，应该按照逻辑思维规律来安排组织结构。这样就能顺理成章。正文一般由以下各部分构成。

研究或实验目的：

研究（或实验）目的，是正文的开篇。该部分要写得简明扼要，重点突出。实验性强的论文，先写为什么要进行这个实验，通过实验要达到的目的是什么。如果课题涉及面较广，论文只写其某一方面，文内则要写清本文着重探索哪一方面的问题。并交代探索原因，效果或方法。有的论文，将此部分并入引言之中，正文部分不再赘述。

实验材料（设备）和方法：

科研课题从开始到成果的全过程，都要运用实验材料、设备以及观察方法。因此，应将选用的材料（包括原料、材料、样品，添加物和试剂等）、设备和实验（观测）的方法，加以说明，以便他人据此重复验证。说明时，如果采用通用材料，设备和通用方法，只需简单提及。如果采用又有改进的特殊材料和实验方法，就应较详细地加以说明。如果文章在国外期刊上刊载，便于对外交流，就需要标明材料成分，对照外标号作相应的说明。

实验经过：

实验经过即实验研究过程，或称实验操作程序（或步骤）等。该部分，主要说明制定研究方案和选择技术的路线，以及具体操作步骤，主要说明试验条件的变化因素及其考虑的依据。叙述时，不要罗列实验过程，而只叙述主要的、关键的。并说明使用不同于一般实验设备和操作方法，从而使研究成果的规律性更加鲜明。如果引用他人之法，标出参考文献序号即可，不必详述，如有改进，可将改进部分另加说明。叙述实验经过，通常采用研究工作的逻辑顺序，而不采用实验先后时间顺序，要抓主要环节，从复杂的事物中，理出脉络，按其发展变化顺序写。并且注意所述实验程序的连贯性，要从成功与失败、正确与谬误、可能性和局限性等方面，加以分析，达到严谨的科学性、逻辑性。

实验结果与分析（讨论）：

该部分是整篇论文的心脏部分。一切实验成败由此判断，一切推理由此导出，一切议论由此引出。因此，应该充分表达，并且采用表格、图解、照片等附件。这些附件，在论文中起到节省篇幅和帮助读者理解的作用。本部分内容中，对实验结果和具体判断分析，要逐项探讨。数据是表现结果的重要方式，其计量单位名称、代号，必须采用统一的国际计量单位制的规定。文中要尽量压缩众所周知的议论，突出本研究的新发现，及经过证实的新观点，新见解。要让读者反复研究数据，认真估价判断和推理的正确性。作者在研究中，某些见解虽未充分证明，也可阐明。有些实验结果，在某些方面出现异常，无法解释，虽不影响主要论点，但要说明，供其他研究者参考。实验结果与分析，可称讨论，或称“各种因素分析”。这一部分一般应包括以下具体内容：

① 主要原理或概念。

② 实验条件。尤其是依靠人力未能控制的缺点，要突出讲明。

③ 本题研究的结果与他人研究结果的相同或差异要讲明，并且突出研究中自己的新发现或新发明。

④ 解释因果关系,论证其必然性或偶然性。

⑤ 提出本研究存在的难解或尚需进一步探索的问题。

分析上述几个方面内容时,要根据各个问题的地位、相关性、因果关系以及一些例外或出现相反的结果等。均要妥为排序论述,论述中一定要符合逻辑推理形式。本部分最后也可提出下一步研究设想或工作大纲,将供读者参考。

(6) 结论

该部分是整个课题研究的总结。是全篇论文的归宿,起着画龙点睛的作用。一般来说,读者选读某篇论文时,先看标题、摘要、前言,再看结论,才能决定阅读与否。因此,结论写作也是很重要的。撰写结论时,不仅对研究的全过程、实验的结果、数据等进一步认真地加以综合分析,准确反映客观事物的本质及其规律,而且,对论证的材料,选用的实例,语言表达的概括性,科学性和逻辑性等方方面面,也都要一一进行总判断、总推理、总评价。同时,撰写时,不是对前面论述结果的简单复述,而要与引言相呼应,与正文其他部分相联系。总之。结论要有说服力,恰如其分。语言要准确、鲜明。结论中,凡归结为一个认识、肯定一种观点、否定一种意见,都要有事实、有根据,不能想当然,不能含糊其辞,不能用“大概”“可能”“或许”等词语。如果论文得不出结论,也不要硬写。凡不写结论的论文,可对实验结果进行一番深入讨论。

(7) 致谢

科学研究通常不是只靠一两个人的力量就能完成的,需要多方面力量支持、协助或指导。特别是大型课题,更需联合作战,参与的人数很多。在论文结论之后或结束时,应对整个研究过程中,曾给予帮助和支持的单位和个人表示谢意。尤其是参加部分研究工作,未有署名的人,要肯定他的贡献,予以致谢。如果提供帮助的人过多,就不必一一提名,除直接参与工作,帮助很大的人员列名致谢,一般人均笼统表示谢意。如果有的单位或个人确实给予帮助和指导,甚至研究方法都从人家那里学到的,也只字未提,未免有剽窃之嫌。如果写上一些从未给予帮助和指导的人,为照顾关系,提出致谢也是不应该的。另外,有些名家、学者或教授,从未指导,也没有阅读过论文,借致谢提名抬高身价,更是不对的。我们要坚守科学道德规范,切实杜绝不良风气。

(8) 参考文献

作者在论文之中,凡是引用他人的报告、论文等文献中的观点、数据、材料、成果等,都应按本论文中引用先后顺序排列,文中标明参考文献的顺序号或引文作者姓名。每篇参考文献按篇名、作者、文献出处排列。列上参考文献的目的,不只是便于读者查阅原始资料,也便于自己进一步研究时参考。应该注意的是,凡列入参考文献,作者都应详细阅读过,不能列入未曾阅读的文献。

(9) 附录

附录是将不便列入正文的有关资料或图纸,编入其中,它包括有实验部分的详细数据,图谱、图表等,有时论文写成,临时又发现新发表的资料,需以补充,可列入附录。附录里所列材料,可按论文表述顺序编排。

5. 技术报告的编写格式

撰写技术报告之前,首先要制定技术报告的格式。一篇技术报告纵使文字内容非常有内涵,如果不能有分明的段落,让读者一开始便能快速、清晰地掌握报告内涵,读者根本不会有意愿或耐性深入阅读这份报告。所以技术报告呈现的格式应该十分讲究,何时用大标题,何时用小标题,标题编号的方式,内文字体的大小,段落的间隔,何时用黑体字、斜体字,何时要内缩，乃至于图表及说明的格式等等，都应该要有明确、容易阅读，且整篇一致的规则。技术报告的标题、正文、表格、图表等的格式分别如下：

(1) 标题

技术报告的封面或标题页由各行业或公司指定。

(2) 概要

概要一般采用宋体小四号字，行距设置为1.5倍行距。

(3) 目录

采用四号字，其中每章题目用黑体字，每节题目用宋体字，并注明各章节起始页码，题目和页码用"……"相连，如下所示：

目　　录(黑体四号)

(自然空二行)

第一章　××××××××× ………………………………… (1)(黑体小四号)

1.1　××××××× ………………………………… (2)(宋体小四号)

1.1.1　×××××××……………………………… (6)(宋体小四号)

第二章　××××××××× …………………………………… (40)(黑体小四号)

(4) 正文

每章题目居中、黑体小三号；每节题目左顶边、宋体四号加黑；每小节题目左顶边、宋体小四号加黑。正文文字用宋体小四号汉字(若有英文用"Times New Roman"小四号英文字体)，每自然段首行缩进2个字符。

行间距要求：

① 每章题目与每节题目之间的行距设置：每章题目后设单倍行距，段后0.5行。

② 每节题目与小节题目之间的行距设置：每节题目后设单倍行距，段后0.5行。

③ 正文章节序号编制：

a) 章，编写为：第一章，第二章……。

b) 节，编写为：1.1、1.2……，2.1、2.2……。

c) 小节，编写为：1.1.1、1.1.2……。

d) 小节以下层次，先以括号为序，如(1)、(2)……；再以圈圈为序，如①、② ……。层次采用如下格式：

举例如下：

第一章　×××××××××(黑体小三号)

(单倍行距，段后0.5行)

1.1　×××××××××(宋体四号加黑)(单倍行距，段后0.5行)

1.1.1　×××××××(宋体小四号加黑)

(首行缩进2个字符)(1)××××××(宋体小四号)

(首行缩进2个字符)① ×××××××(宋体小四号)

(空一行)

第二章　×××××××××(黑体小三号)

(单倍行距,段后 0.5 行)

2.1　×××××××××(宋体四号加黑)(单倍行距,段后 0.5 行)

2.1.1　××××××(宋体小四号加黑)

(首行缩进 2 个字符)(1)×××××(宋体小四号)

(首行缩进 2 个字符)① ××××××(宋体小四号)

(5) 技术报告中的公式、图与表

公式号以章分组编号,如式(2-4)表示第二章的第 4 个公式。

公式尽量采用公式编辑应用程序输入,选择默认格式,公式号右对齐,公式调整至基本居中。

图表置于正文内,安排于文中提及处后的当页或下页,且尽量靠近该页上缘或下缘。表的名称置于表上方,图的名称置于图下方。图或表均需独立编号,并以阿拉伯数字区分不同的图、表。技术报告的图表编号以全文出现的顺序为依据,如全文第三出现的图,则编以:图3(空一字之后)并标注图标题。

图表标题均应置中。图表(含图表标题)与其上及其下的文字段距离为二空白行。论文的图表编号则依章独立编码,如表 2-1,空一字之后并标注表标题。对图、表内容(如表中的符号或数据来源)做简要说明时(如资料来源),请置于图、表下方靠左与图或表格左缘对齐。

(6) 中文稿中的英文词及括号内的英文对照

中文稿中的英文词及括号内的英文对照一律首字大写。第一次引用英文原文时,需完整拼出英文原文,其后即可使用该词的英文字头语或简称。

(7) 注释

文中如果有注释,英文稿请以阿拉伯数字顺序标明在右上角;中文稿有两种选择:第一,本文中以【　】表之,【　】中写"注"及"编号",如:【注 1】。中文稿的所有附注请附注于正文该章之后。第二,本文中以脚注(Footnote)表示,亦即以阿拉伯数字顺序标明在右上角。不论中英文稿,当页的脚注皆依序编码,置于出现当页的最下方,其上以横线与本文区隔之。

(8) 文献引用

本文中如果有参考文献部分请以括号(　),或[　]表之,中文文献用全角字(　),英文文献用半角字(　)。括号中写明文献的作者及年代如(林水顺,2004)或(Engel et al,1998)或以出现的文献编号标之,如[1]。其他惯用方式,英文请参考 APA 的格式,中文则以类似该期刊的格式处理,请参考下面例子。

例 1:近年来有关这方面的探讨逐渐受到重视,尤其在有关组织行为与人事管理研究领域中,"组织承诺"(Organization Commitment)是常被学者们提及的重要概念之一(Streers,1977;Mowday et al,1982;O'Reilly & Chatman,1986;黄国隆,1986)。其中(Streers,1977;Mowday et al,1982;O'Reilly & Chatman,1986;黄国隆,1986)一段可以[4,2,5,10]标之,其中 4,2,5,10 则为文后参考文献条列的顺序。

例 2：Lin(1997) suggested that people are more likely to use price to infer product quality when judging an expensive product.

(9) 技术报告中的参考文献

参考文献采用宋体五号字。正文引用参考文献处应以方括号标注出。如“……效率可提高 25%[2]”。表示此结果援引自文献[2]。

6. 技术报告的提交要求

(1) 电子文件制作：书面报告需要制作成由封面到附录(含授权同意书、制作心得以及工作分配等)整合成的一个 MS WORD 档案。

(2) 引用部分文献、其他技术论文时需要签署必要的授权协议，避免无意的侵权，保护他人的知识产权。

(3) 书面报告：若需提交胶装书面报告纸本，则以左侧装订胶装方式完件，封面采用鹅黄色或同色系云彩纸，书侧要注明公司名称、报告主题与报告识别码，其中报告主题以粗体字标示，报告识别码置于(　)内。不需提交胶装纸本者，仅需于书面报告左上侧装订，或以透明活页夹具处理。

7. 结束语

写作技术报告为一项严谨的工作，作者务必抱持谨慎而细心的态度，培养尊重技术作品的精神，并多训练使用电子文书编辑工具的技能，活用其功能以辅助写作的顺畅，并提高排版的效率，对于数据的整理亦应多下工夫。因特网已提供迅速而有效的数据查询渠道，宜多利用。写作的格式应依本节提供的范例与规定，避免反复修改，影响写作进度。

第三节　工艺系统真空试验

学习目标：通过本部分的学习，使学员掌握工艺系统真空试验及设备工艺故障处理知识，并了解生产技术总结撰写、论文答辩等相关知识。

工艺系统真空试验及设备工艺故障处理知识请参阅初中高级技能教材第十三章内容。

一、如何撰写生产技术总结

生产技术总结是针对某一周期的生产活动中的工艺技术情况，撰写的技术总结。重点是对该周期内出现的技术问题所采取的技术措施及其效果的总结。

生产技术总结主要内容包括：生产情况介绍；技术问题提出；技术措施的提出；技术效果总结；获得的经验与存在的不足。

1. 技术总结的特点

(1) 技术总结侧重于叙述技术研究、技术攻关和技术革新的事实和结果，而技术论文则侧重于解释技术性的问题，并针对技术攻关、技术革新中的疑难点、问题从技术上进行学术探讨。

(2) 在内容程度上技术总结是以叙述技术研究、技术攻关、技术革新、操作程序、工艺方法、改造流程及总结成败经验教训为主；而技术论文则是记叙、论证技术研究、技术攻关、技术革新中有创造性的部分。

(3) 在文章体裁上,技术总结属于说明文类的文体。

2. 选题

选题是写好技术总结的前提,也可以说是技术总结成败的关键。因此,选题时应遵循以下几个基本原则:

(1) 题目要选得具体、明确,既不能琐碎,也不能孤立;让人读后能明白,不产生歧义。

(2) 选题难度要适中,即在选题范围上,宜窄不宜宽;在选题内容上,宜小不宜大;在选题深度上,宜深不宜浅。

(3) 选题时要注意扬长避短,力求与自己所从事的生产实践相对口,并尽量选择能充分展示自己技术特长的项目。

(4) 最好是选择本工种专业前人没有尝试过或者前人虽已做过,但尚不完全或有谬误的项目。

(5) 努力从本专业工种出发,着重选择能为本企业、本公司、本集团创造经济效益和有实用价值的项目。

3. 技术总结的基本结构格式

技术总结的基本结构主要包括前头、主体和附录三大部分。

(1) 前头部分。主要包括:技术总结的标题,作者单位及姓名,摘要。

标题:简明、具体、明确地反映技术总结的特定内容。

作者姓名:包括作者的工作单位,必要时还需注明专业工种和技术等级。

摘要:对于技术总结可以省略不写,但对于技术论文均应有技术摘要。技术摘要一般置于标题和作者之后,正文之前。

(2) 主体。主要包括:前言、正文、结果、结论及讨论、致谢、参考文献。

前言:主体部分的开端。简要说明研究工作的目的、范围、相关领域的前人工作和空白、理论基础和分析、研究设想、方法、预期结果和意义等。应言简意赅,不要与摘要雷同,不要成为摘要的注释。

正文:是技术总结所表达解决技术问题的核心部分,占主要篇幅。常有分析技术问题、解决技术问题的方案、步骤和方式、方法及论证过程。正文的内容应根据所做的工作确定,必须实事求是、客观真切、合乎逻辑、层次分明、简练可读。

结果、结论及讨论:对于技术总结只需写出解决问题后的效果及创效情况即可;而对于技术论文则是最终得出的总体结论,而不是各小段小结的重复。

致谢:在解决技术问题上,凡是对本文提供过重要指导和帮助的同志,都应在论文的结尾书面致谢。

参考文献:凡是在技术总结中,引用别人文章、数据、材料、论点等均应列出参考文献的出处。

正文部分涉及内容较多,宜采用章、节、目、项分设层次,使其眉目清晰、层次分明、重点突出。正文部分的章、节、目、项的序号可采用阿拉伯数字编号法。这种编码方法是:技术总结中的章依次从1开始连续编号,每一章下可分若干连续的节号,以此类推。在不同级的章、节、目、项编号用“.”相隔。

4. 技术总结各组成部分的写作方法

(1) 标题的拟定

标题是技术总结内容的高度概括和窗口,是技术总结精髓的集中体现。因此,精心拟定其标题是至关重要的。拟写标题，一般要符合下列基本要求：

① 准确得体、恰如其分。标题应能准确地表达技术总结的特定内容，恰如其分地反映技术研究、技术攻关、技术革新的范围和达到的深度。不要使用过于笼统与泛指性很强的词汇和华丽的辞藻。它应是反映技术总结中最重要的内容，并是最恰当、最简明词语的逻辑组合。

② 简短精练、高度概括。标题要简短明了，避免冗长烦琐。标题一般控制在20字以内为宜。注意不应为了简短而流于笼统空泛。根据内容需要在不可简短的情况下，可以考虑加副标题，以引申主题，补充说明，这样既达到了表达要求，又起到了简短明了而不烦琐冗长，并能使标题引人注目。

③ 外延和内涵要恰当。标题中所使用的各种概念应是统一的，要恰如其分地组合在一起。

(2) 摘要的写法

摘要是技术论文的重要组成部分。顾名思义，就是摘取技术论文中最重要的内容和结果，以补充标题的不足。技术论文摘要，又叫指示文摘或称简介，着重介绍技术论文所探讨的范围、技术研究的对象、结果和结论。编写技术摘要应注意以下几点。

短：行文要简短扼要，字数以300～400字为宜。

精：内容准确、精练，把技术论文的主要内容概括出来。

完整：一篇摘要是一篇独立的短文，应结构严谨，逻辑性强，独立成篇。

不加评论：只对技术论文的内容进行真实的介绍。

摘要的写作，要做到叙述准确、内容具体、文字简练、表达明了，为此就必须字字推敲。在摘要写作中，要努力做到“六不”，即不列举例证，不谈分析过程，不作自我评价，不与别人工作相对比，不用图表，不同本文正文、前言或结论的语句雷同。

(3) 前言的写作

前言又可称作引言、绪言、绪论、引子，它是技术总结主体部分的开端。前言的作用是简要地说明技术总结背景、目的、范围、方法和解决实际技术问题的意义。

其中，背景是指这项技术研究在以前的开展情况，前人或近来已经做了哪些工作，现在还有哪些技术问题尚待解决；目的则回答为什么要进行技术攻关或技术革新；范围就是指技术攻关、技术革新所涉及的范围；方法则是指技术攻关或技术革新所采用的措施和办法；意义就是对取得结果后的自我评价。

前言的写作要求言简义明、条理清晰、容易理解。一般前言都比较短，大约300字。

(4) 正文的写法

正文是技术总结的主体，技术研究、技术攻关、技术革新的创新点，技术上的要点，操作诀窍主要在这一部分表达出来。它反映技术总结或技术论文解决技术问题所达到的技术水平、技术水准。简单地说，正文的水平决定了整个技术总结的水平。

技术总结正文的内容，包括解决技术问题的步骤、方法和结果；而技术论文则包括选择解决技术问题的原因、分析技术问题及解决技术问题和技术攻关的结果，并针对结果进行分析比较。

通常技术论文的具体内容可为三个部分：

① 理论分析

理论分析部分要对所研究的技术性问题假定，并对其合理性进行理论论证，即对于解决某个技术问题的方法或步骤，哪些是已知的，哪些是自己改进的或创新的；对于工艺路线或工艺方案，哪些是原有的，哪些是自己设计的或改进的；对工艺装备，哪些是原来的，哪些是自己改进或改造的，都应加以说明。

② 解决问题的关键点和解决技术问题的方案、步骤和方法。

这一部分要把解决问题的方法、步骤及程序加以介绍。

a. 是自己设计、改进的新方法、编制的新工艺方案、新工艺路线、新操作要点均应详细介绍，但要突出重点。如果是采用或移植他人的方法，只需说明方法的名称，并在右上角注出参考书目或文献的序号即可。

b. 对于通用设备，只需标注其规格型号即可，如果是新改制的设备，新设计后改装的电气线路图，则需给出主要结构并应详细说明测试方法及功能。

c. 新工艺方法采用的新材料、新的热处理方法、新的焊接工艺、新的结构件连接方式替代原有方式等的优势及要点。

以上三点的详细程度要尽量交代清楚，以同行能再现为准。如果该技术总结或技术论文准备公开发表，则凡涉及专利、专有及保密方面的内容，均应删除。因为发表的技术总结或技术论文既有学术上的馈赠性的一面，又有技术上专利性的一面。因此，凡涉及专利和保密的内容，可使用代号或轮廓图来表示。

③ 技术结果的分析比较

对于技术攻关、技术革新、技术研究所取得的结果应作出定性定量的分析，说明其必然性，并从结果中引出必然的和必要的结论和推论，同时需说明这些结论和推论所适用的范围。

对于技术结果，应尽量避免把所有的技术数据都抄在论文上，应通过适当的整理，绘制成简单的图或表列入文中。

许多技术论文还在此部分加上“讨论”一段。“讨论”部分是作者根据自己的技术结果发挥自己见解的部分，也就是说要对自己技术研究过程中的技术问题进行归纳、概括和探讨，寻找出内在的联系和客观规律，并进行理论上的论证。

(5) 结尾的写法

结尾是指技术总结正文之后的总结、结论、结语等。它是整个技术攻关、技术研究过程的结晶。写作时应注意以下几点：

① 本文的技术结果说明了什么问题，解决了什么技术问题。

② 对前人有关本技术问题的看法做了哪些检验，哪些与本研究结果相一致，哪些不一致，本文做了哪些修改、补充或发展。

③ 本次技术攻关、技术研究的不足之处或遗留未解决的问题，以及解决这些问题的想法和建议。

二、论文的答辩

职业技能鉴定论文(技术总结)答辩评分与考核要求如下。

(1) 配分与评分标准

按照国家职业标准要求，在对技师、高级技师进行职业技能鉴定时，还需进行综合评审，其中考生需总结自己工作和研究成果，撰写论文(技术总结)并进行答辩。

职业技能鉴定论文(技术总结)答辩是指：由考生本人撰写能够反映本人能力水平的论

文(技术总结),主要内容可选择下列内容之一:相关职业技能的研究或实践,技术创新与技术成果等方面。并能以科学准确的语言就该论文(技术总结)为主的内容进行答辩。

(2) 考核要求

① 论文(技术总结)写作

a. 选题具有科学性、先进性和推广应用价值。

b. 结构合理、层次清楚,文字(含图样等)表述准确通顺,字数不少于 2 000 字。

② 论文的答辩

论文答辩的专业技术工种专家组须由 3～5 名相关专业技术工种的专家、技师、高级技师、工程师、高级工程师组成。在进行技师资格考评的论文答辩时,该专家组须由具有国家职业技能鉴定高级考评员资格的专家组成。配分与评分标准见表 1-8,鉴定论文(技术总结)初评要求见表 1-9。

表 1-8 配分与评分标准表

<table>
<tr><th>序号</th><th colspan="3">考核内容</th><th>配分</th><th>评分标准</th><th>扣分</th><th>得分</th></tr>
<tr><td rowspan="5">1</td><td rowspan="5">论文或技术总结水平</td><td rowspan="3">选题结构文字</td><td>选题科学、先进,具有推广和应用价值</td><td rowspan="3">20</td><td>选题不具有科学、先进性,不具有推广和应用价值酌情扣 5～8 分</td><td></td><td></td></tr>
<tr><td>整体结构合理,层次清楚,有逻辑性</td><td>整体结构逻辑性差,层次不清,酌情扣 3～6 分</td><td></td><td></td></tr>
<tr><td>文字表述准确、通顺</td><td>文字表述不规范,语句不通顺,酌情扣 2～6 分</td><td></td><td></td></tr>
<tr><td rowspan="2">内容水平</td><td>内容具有科学性、先进性和推广应用价值</td><td rowspan="2">40</td><td>无创新或不具有科学性和领先水平酌情扣 10～15 分,不具备推广应用价值或推广应用价值低酌情扣 5～10 分</td><td></td><td></td></tr>
<tr><td>内容充实,论点正确,论据充分有效</td><td>内容不充实、论据不充分酌情扣 5～15 分</td><td></td><td></td></tr>
<tr><td rowspan="3">2</td><td rowspan="3">答辩</td><td rowspan="3">答辩表现</td><td>思路清晰</td><td rowspan="3">40</td><td>思路不清晰酌情扣 5～15 分</td><td></td><td></td></tr>
<tr><td>表达准确</td><td>表达不准确酌情扣 5～15 分</td><td></td><td></td></tr>
<tr><td>语言流畅</td><td>语言不流畅酌情扣 5～10 分</td><td></td><td></td></tr>
<tr><td>3</td><td colspan="2">否定项</td><td colspan="3">具有下面三种情况之一者,视为论文(技术总结)不合格:
(1) 不能反映技师(高级技师)水平
(2) 观点不正确
(3) 关键问题答辩错误</td><td></td><td></td></tr>
<tr><td colspan="3">总分</td><td colspan="3">100</td><td></td><td></td></tr>
</table>

表 1-9 职业技能鉴定论文(技术总结)初评表

<table>
<tr><td colspan="2">论文撰写人</td><td></td><td>准考证号</td><td></td></tr>
<tr><td colspan="2">职业(工种)等级</td><td></td><td>提交日期</td><td></td></tr>
<tr><td colspan="2">论文名称</td><td colspan="3"></td></tr>
<tr><td rowspan="5">初审意见</td><td>选题</td><td colspan="3"></td></tr>
<tr><td>结构</td><td colspan="3"></td></tr>
<tr><td>文字
(含图样等)</td><td colspan="3"></td></tr>
<tr><td>内容</td><td colspan="3"></td></tr>
<tr><td>技术水平</td><td colspan="3"></td></tr>
<tr><td colspan="2">答辩要点</td><td colspan="3"></td></tr>
<tr><td colspan="2">得分</td><td colspan="3"></td></tr>
</table>

考评员: 年 月 日

答辩时先由答辩者宣读撰写的论文,然后由专家组进行提问考核,时间约为 30 min。

对具体论文(工作总结)主要从论文项目的技术难度、项目的实用性、项目经济效果、项目的科学性进行评定。

答辩时对论文中提出的结构、原理、定义、原则、公式、推导、方法等知识论证的正确性主要通过提问的方式来考核。

对本工种的专业工艺知识主要考核其熟悉深浅程度并予以确认。

在相关知识,四新知识方面,如×××考生为维修电工技师,可考核:

——电工基础与电子技术知识

——机电一体化新技术、数控、可编程控制器。

或

——机床电气控制线路知识

——新材料、新设备的发展新动向及其应用技术。

第四节 绘制工艺流程图

学习目标:通过本部分的学习,使学员掌握抽空装置操作等相关知识。

一、抽空装置工艺流程图

抽空系统包括两条抽空干管(预启动工况抽空干管、启动工况抽空干管)和三套抽空装置(预启动工况抽空装置、启动工况抽空装置、备用工况抽空装置)。

抽空装置线路示意图见图 1-25;n 机组 m 区段抽空线路示意图见图 1-26。

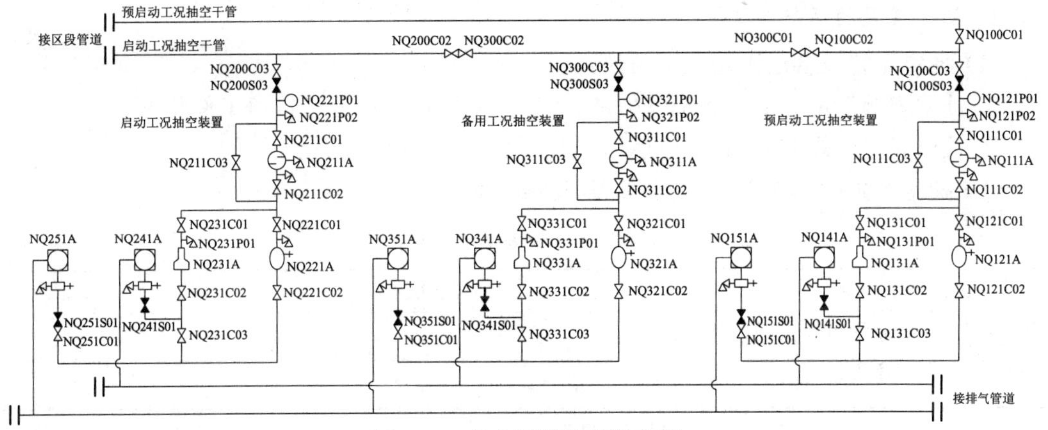

图 1-25　抽空装置线路示意图

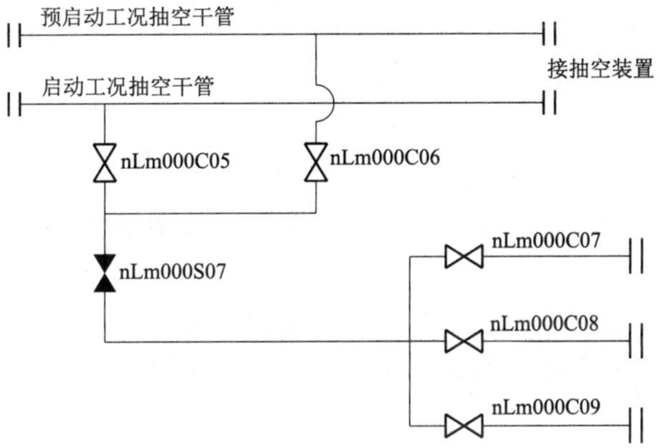

图 1-26　n 机组 m 区段抽空线路示意图

二、抽空装置的操作

1. 准备工作

(1) 抽空系统的工艺检测和事故保护传感器应处于启用状态。

(2) 抽空系统的供电和设备控制线路应处于接通工作状态。

(3) 扩散真空泵、滑阀真空泵冷却系统的供水应畅通。

(4) 关闭抽空系统上的自由阀门(DN3、DN10、DN25)。

(5) 关闭区段阀门(nLm000C05、nLm000C06、nLm000S07)。

(6) 关闭抽空系统干管阀门(NQ300C01、NQ300C02)、氮捕集器进口阀门(NQ111C01、NQ311C01、NQ211C01)、扩散泵进口阀门(NQ131C01、NQ331C01、NQ231C01)、扩散泵的前级真空泵进口阀门(NQ141S01、NQ341S01、NQ241S01)、滑阀(罗茨)真空泵进口阀门(NQ151S01、NQ351S01、NQ251S01)。

(7) 打开除(4)、(5)、(6)条规定外的其余阀门，其中包括打开连接工艺检测、事故保护、信号装置传感器与仪表零位系统和抽空系统的阀门(DN3、DN10、DN25)。

(8) 按照《工业设备围护、铅封和挂警示牌操作规范》中的要求，对抽空系统的阀门铅封和挂警示牌。

2. 抽空装置的运行状态

(1) 抽空工艺设备应满足以下条件：

① 抽空安装后的工艺设备和气体离心机时，氮捕集器应处于接通工作状态；

② 机组真空干燥和升周时，应使用扩散泵抽空气体离心机。

(2) 抽空装置的工作方式(仅供参考)见表1-10。

表1-10　抽空系统工作方式

地点	主要设备
01厂房	用ABЗ-125Д滑阀真空泵抽空工艺设备
	用2HBБM-250扩散泵抽空工艺设备
01a与01b厂房	用H-150滑阀真空泵抽空工艺设备
	用K-300T扩散泵抽空工艺设备
01c厂房	用JZPH600-4A罗茨滑阀真空机组抽空工艺设备
	用Z-300扩散泵抽空工艺设备

3. 滑阀真空泵、罗茨真空泵的操作应满足的要求

(1) 使用滑阀或罗茨真空泵抽空工艺设备前，应关闭氮捕集器的旁通阀(NQm11C03)(m-抽空装置编号，$m=1\sim3$)；

(2) 使用扩散真空泵抽空工艺设备前，应关闭贮气罐出口阀(NQm21C02)；

(3) 在抽空主工艺设备过程中，使用仪表每隔1 h对被抽空设备和抽空系统的压力进行监测；

(4) 每月不少于一次检查滑阀真空泵和扩散泵极限压力。滑阀真空泵极限压力应不大于4.67 Pa(35 μmHg)，扩散真空泵极限压力应不大于0.66 Pa(5 μmHg)。

4. 扩散泵的操作

(1) 启动前级泵，待泵内的压力小于10 Pa后，接通冷却水，并对扩散泵加热，抽空到极限压力为止。

(2) 扩散泵停止工作时，应先关闭扩散泵进气口阀门，再关闭扩散泵加热器，待扩散泵冷却到50 ℃以下时关闭前级泵，最后断开冷却水。

5. 氮捕集器的操作

(1) 接通氮捕集器

① 氮捕集器冷阱内套加注液氮。

② 关闭氮捕集器的旁通阀(NQm11C03)，打开氮捕集器的进口阀(NQm11C01)。

③ 在氮捕集器冷冻30 min后，方可投入使用。氮捕集器内的液氮液面应维持在不低于冷阱内套的1/5高度。

(2) 停止和解冻氮捕集器

① 关闭氮捕集器的进口阀(NQm11C01)、出口阀(NQm11C02)和装置的进口阀(NQm00C03)，打开氮捕集器的旁通阀(NQm11C03)。

② 卸下氮捕集器上部阀门(DN10)堵头，打开阀门用空气破空氮捕集器至大气压力，用

安装在该装置入口处的仪表检查氮捕集器的进、出口阀(NQm11C01、NQm11C02)通道的密封性。阀门(DN10)应处在打开状态,并打开氮捕集器上的盖子。

③ 氮捕集器解冻后氮捕集器内套表面温度大于 273 K(0 ℃),通过捕集器下部的阀门(DN10)将冷凝水排入专用器皿内。

(3) 抽空氮捕集器

① 关闭氮捕集器上、下部阀门(DN10),并安装堵头。

② 启动滑阀或罗茨真空泵。

③ 打开真空泵气镇阀。

④ 打开氮捕集器的出口阀(NQm11C02),抽空氮捕集器内腔压力 6.7~8.0 Pa,关闭真空泵的气镇阀。

⑤ 打开装置的进口阀(NQ000C03),停止滑阀或罗茨真空泵工作。

6. 抽空装置相互之间的转换操作

(1) 预启动或启动工况抽空装置转换为备用工况抽空装置的操作。

① 启动备用工况抽空装置的真空泵,必要时应接通氮捕集器工作。

② 在确认备用工况抽空装置的压力低于预启动或启动工况抽空装置的压力后,先打开抽空系统干管阀门(NQ300C01 或 NQ300C02)。后关闭装置的进口阀门(NQ100C03 或 NQ200C03)。

③ 停止预启动或启动工况抽空装置的真空泵,必要时停止氮捕集器工作。

(2) 备用工况抽空装置转换为预启动或启动工况抽空装置抽空工艺设备按相反顺序操作。

三、工艺检测和事故保护

1. 在抽空装置的进气口(NQm21P02)和扩散泵进气口(NQm31P01)管道的自由阀(DN10)上应安装热偶真空计仪表,监测抽空装置的运行压力。

2. 抽空装置应安装有气体流向传感器(NQm21P01),当空气从抽空装置逆流进入被抽空设备时,装置电动阀(NQm00S03)自动关闭。

四、安全注意事项

1. 抽空系统的操作应实行双人操作,一人操作、一人监护,操作人员不得擅自离开。

2. 真空泵电气线路的接线应安全可靠,有接地保护措施。

3. 真空泵的转动部分应安装有安全防护装置。

4. 真空泵应转动平稳,无异常声响,密封良好。

5. 真空泵运行中突然断电应立即关闭装置进气口管道上的进气阀。

6. 消除故障应先断开设备,停止抽空工作,各真空泵应切断电源。

7. 停止真空泵运行,应先关闭装置进气管上的进气阀,后停泵。

8. 扩散泵在正常工作时,不得中断冷却水和停电。

第二章　设备维护

第一节　改进真空设备、专用器具

学习目标：通过本部分的学习，使学员掌握机械制图基础知识、编写设备检修计划等相关知识。

一、机械制图的几何作图知识

剖视图的一般画法：

当物体的内部结构比较复杂时，在视图中就会出现很多虚线，这会给识图带来困难，同时也不便于标注尺寸。为了清晰地表达零件的内部形状和结构，可采用“剖视”的表达方法。

1. 剖视图

为了清晰地表达物体的内部结构形态，假想用剖切面剖开物体，将处在观察者和剖切面之间的部分移去，而将其余部分向投影面投射所得的图形，称为剖视图。如图 2-1 所示。

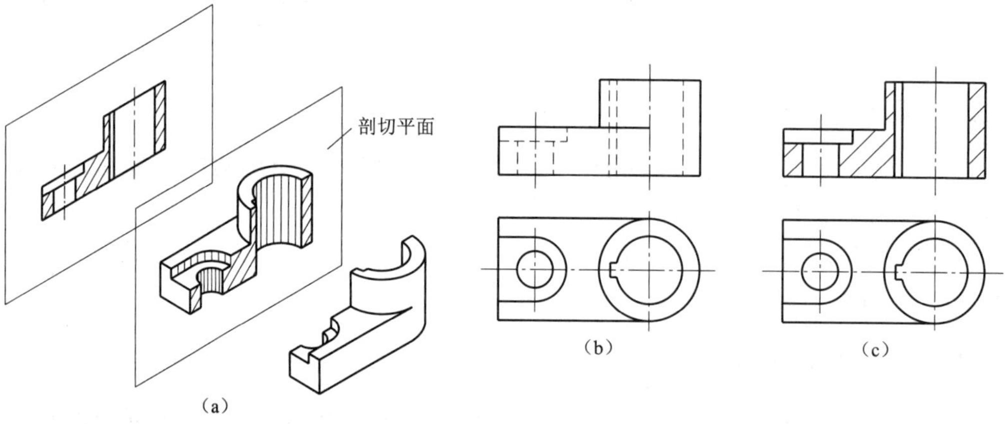

图 2-1　剖视的概念

(a) 剖视的形成；(b) 物体的视图；(c) 剖视画法

2. 剖视图的画法

根据剖视的目的和国家标准(GB/T 17452—1988)中的有关规定，画剖视图时必须考虑以下几个问题：

(1) 剖切平面应平行于投影面且通过孔、槽的对称平面或轴线。

(2) 在剖视图的剖面区域中画上剖面符号，当无须在剖面区域中表示被剖切物体的材料类别时，剖面符号可用剖面线表示，通用剖面线应以适当角度的细实线绘制，一般与主要轮廓或剖面区域的对称线成 45°角。如图 2-2 所示。

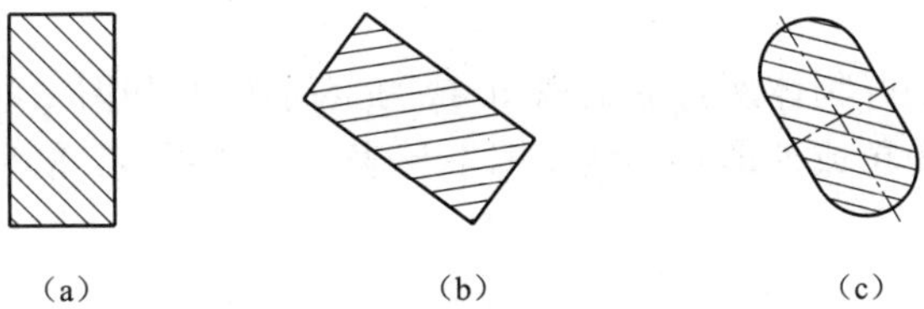

图 2-2　剖面线方向

(3) 当物体上的肋板被剖切面纵向剖切时，肋板不画剖面线，而用粗实线将其与相邻部分分开，如图 2-3 所示。

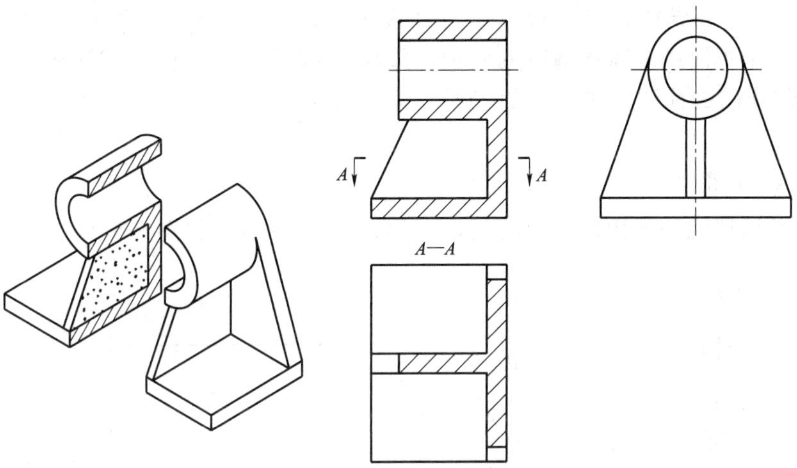

图 2-3　肋板剖切的画法

(4) 因为剖切是假想的，物体并非真的被剖开和拿走一部分，因此，除了该剖面图外，其余视图仍应按完整物体画出。如图 2-1(c)所示，虽然主视图作了剖视，但俯视图仍应完整画出，不能只画一半。

(5) 剖切面后面的可见轮廓线，必须全部画出，不能遗漏。

(6) 在其他视图中已表达清楚的情况下，剖视图中的虚线一般省略不画。对尚未表达清楚的结构，或在保证图面清晰的情况下，少量的虚线可以减少视图的数量时，可以画出必要的虚线。

(7) 剖视图一般应在剖视图上方用字母标出剖视图的名称“×-×”，在相应视图上用剖切线(点画线)和剖切符号[线宽(1～1.5)d，长 5～10 mm 断开的粗实线]表示剖切位置，在剖切符号起、迄处垂直的画上箭头表示投射方向，并注上同样的字母，如图 2-3 所示。

当剖视图按投影关系配置，中间又没有其他图形隔开时，可省略箭头。当单一剖切平面通过物体对称平面且剖视图按投影关系配置，中间又没有其他图形隔开时，可省略标注，如图 2-1 所示。

二、常用的几种剖视图

剖视图按物体被剖切范围的大小可分为全剖视图、半剖视图和局部剖视图三种。

1. 全剖视图

用剖切面完全地剖开物体所得的剖视图,成为全剖视图,如图 2-1、图 2-3 所示均为全剖视图。当物体的外形简单或外形在其他视图中已表示清楚时,常采用全剖视图来表示物体的内部结构。

2. 半剖视图

当物体具有对称平面时,在垂直于对称平面的投影面上投射所得的图形,可以对称平面中心线为分界线,一半画成剖视图,另一半画成视图,这种组合的图形称为半剖视图,如图 2-4 所示。

画半剖视图时应注意以下几点:

(1) 半个剖视图与半个视图之间的分界线应是点画线,不能画成粗实线。

(2) 物体的内部结构在半个视图中已经表示清楚后,在半个视图中就不应画出虚线。对于那些在半个视图中未表达清楚的结构,可以在另半个视图中作局部剖视。

(3) 半剖视图的标注方法与全剖视图的标注方法相同,它的剖切线位置是按全剖视的方法标注的。

3. 局部剖视图

用剖切面局部地剖开物体所得的剖视图称为局部剖视图,如图 2-5 所示。

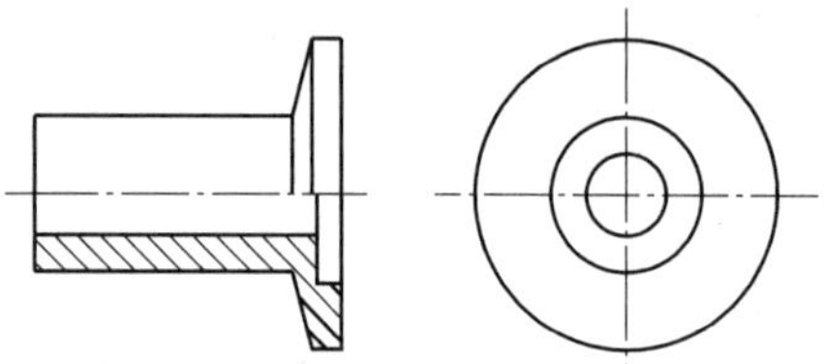

图 2-4 半剖视图

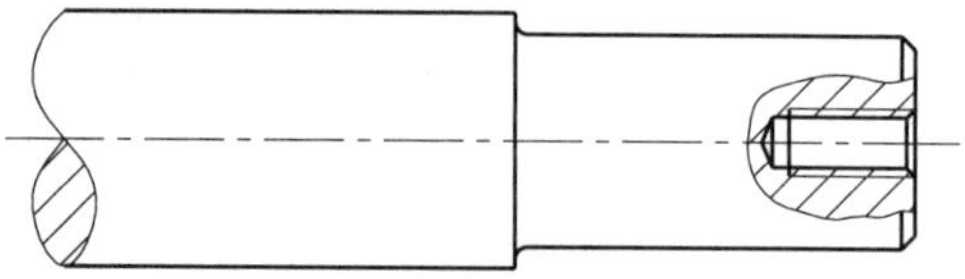

图 2-5 局部剖视图

局部剖视图适用于以下几种情况:

(1) 物体虽然对称,但轮廓线和对称线重合,此时应采用局部剖视图,如图 2-6 所示。

(2) 需要保留部分外形又要表示内形的不对称物体,如图 2-7 所示。

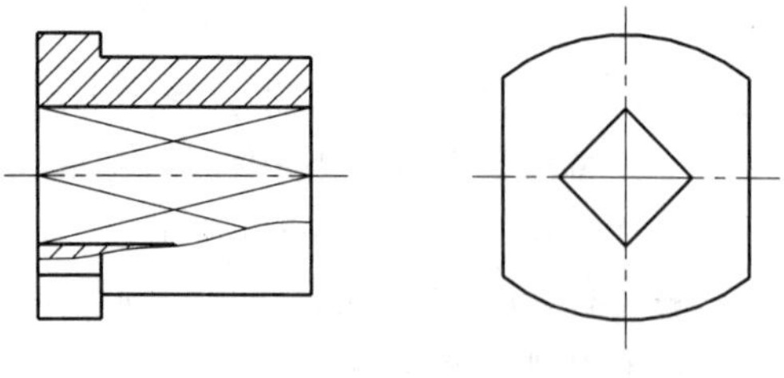

图 2-6 局部视图

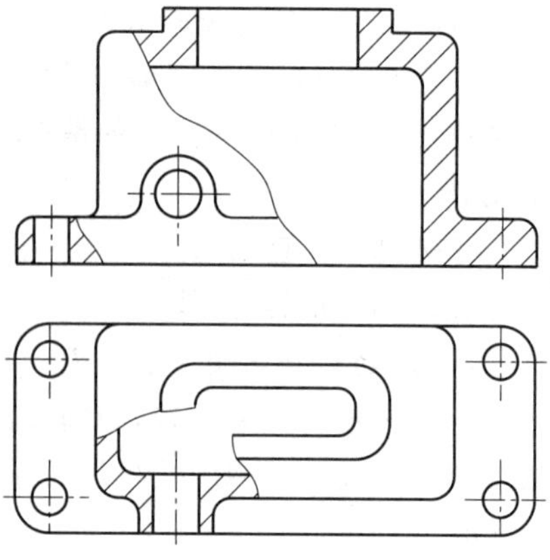

图 2-7 局部视图

(3) 物体中仅有部分内部结构需要表示,而又不必或不宜采用全剖视时,如图 2-7 所示的俯视图。

三、剖面图

1．剖面图的概念

假想用剖切面将物体的某处切断，仅画出该剖切面与物体接触部分的图形，称为剖面图，如图 2-8 所示。

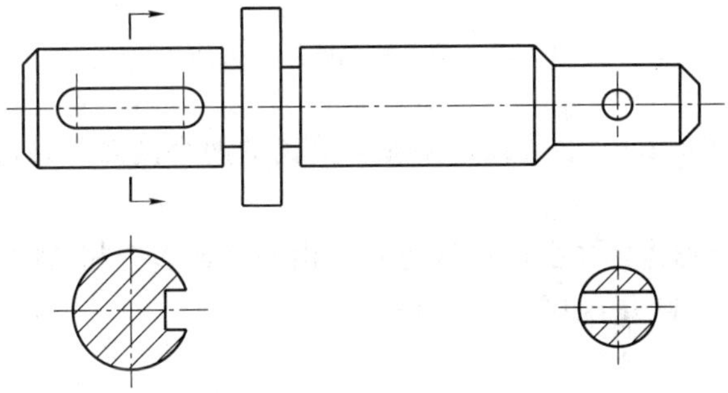

图 2-8　剖面图的概念

剖面图与剖视图的区别是：剖面图仅画出物体剖切处剖面的投影；而剖视图除画出剖切处剖面的投影外，剖切平面后面的其他可见部分的投影也要画出，如图 2-9 所示。

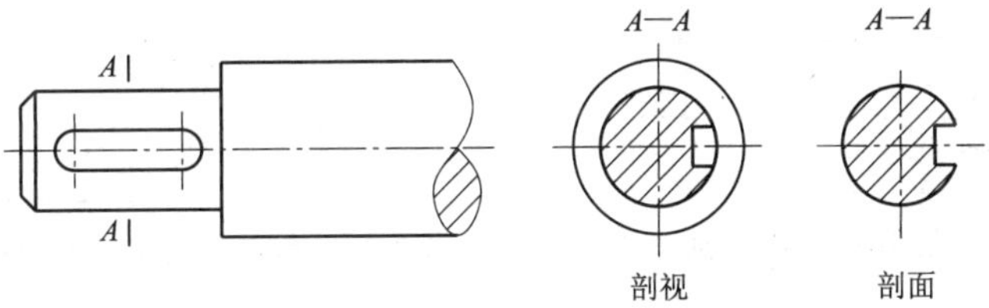

图 2-9　剖视图与剖面图的比较

根据剖面图在图中配置的不同，可分为移出剖面图和重合剖面图。

2．移出剖面图

画在视图之外的剖面图称为移出剖面图，如图 2-8 中的剖面图就属于移出剖面图。移出剖面图的轮廓线用粗实线画出。

画移出剖面图应注意以下几点：

(1) 移出剖面图一般配置在剖切符号或剖切线的延长线上，剖面图形对称时也可画在视图的中断处，如图 2-10 所示，必要时可将移出剖面配置在其他适当位置。

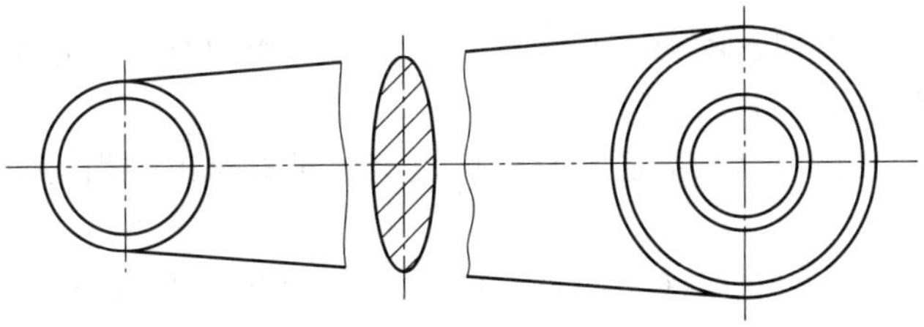

图 2-10　移出剖面配置在视图中断处

(2) 一般情况下,剖面图只画出物体的剖切剖面处的投影,但当剖切平面通过由回转面形成的孔或凹坑的轴线时,这些结构按剖视绘制,如图 2-11 所示。

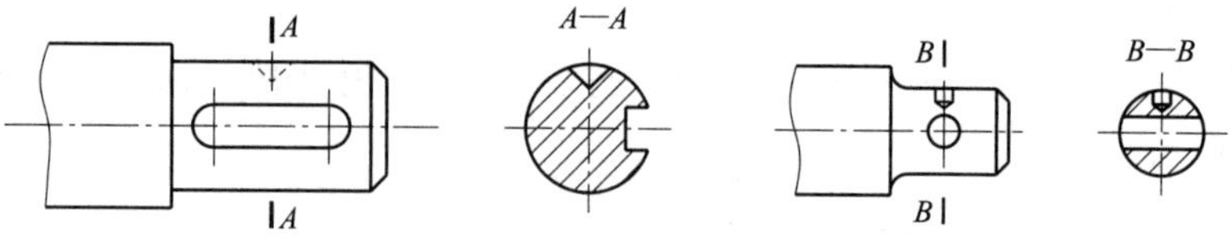

图 2-11　带有孔或凹坑的剖面图

(3) 当剖切面通过非圆孔,会导致出现完全分离的两个剖面图时,则这些结构应按剖视绘制,如图 2-12 所示。

(4) 剖切平面应与物体的主要轮廓线垂直。由两个或多个相交的剖切平面剖且得出的移出剖面图,中间一般应断开,如图 2-13 所示。

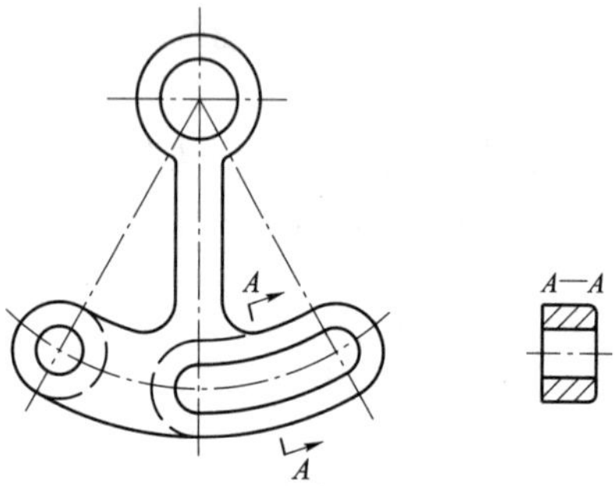

图 2-12　按剖视图绘制的非圆孔剖面图

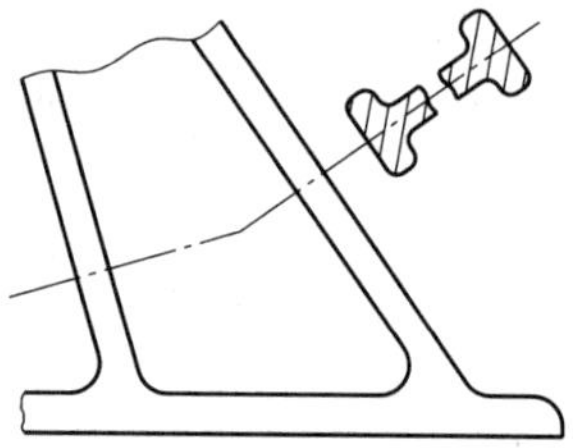

图 2-13　两相交剖切平面剖切的移出剖面图画法

3. 重合剖面图

重合剖面图的图形应画在视图之内。为了避免与视图轮廓相混淆,重合剖面的轮廓线用细实线绘出。当视图中轮廓线与重合剖面图的图形重叠时,视图中的轮廓线仍应连续画出,不可间断,如图 2-14 所示。

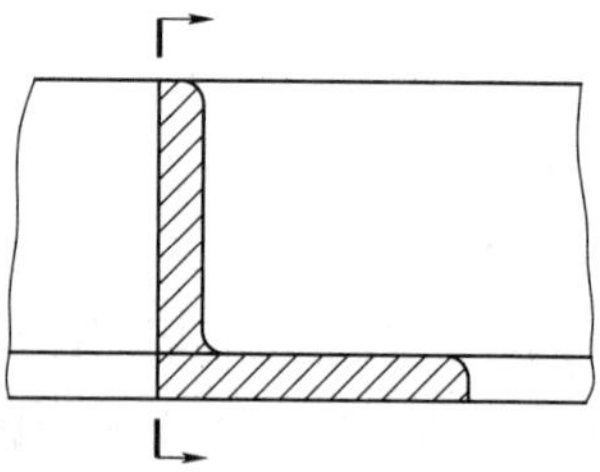

图 2-14　重合剖面图

4. 剖面图的标注

(1) 移出剖面一般应用剖切符号表示剖切位置,用箭头表示投影方向并注上字母,在剖面图的上方应用同样的字母标出相应的名称"×-×",如图 2-15 所示 *B*-*B* 剖面图。

(2) 不对称的重合剖面及画在剖切符号延长线上的不对称的移出剖面,要画出剖切符号和箭头,可以省略字母,如图 2-14、图 2-8 所示。

(3) 对称的重合剖面及画在剖切平面延长线上的对称移出剖面均不必标注,如图 2-15 中最左端的剖面图。

(4) 不配置在剖切符号延长线上的对称移出剖面(如图 2-15 所示的 *A*-*A* 剖面)以及按投影关系配置的不对称的移出剖面(图 2-11)均可省略箭头。

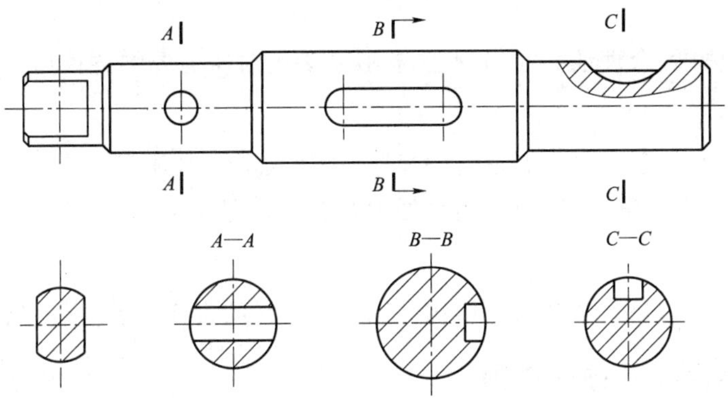

图 2-15　剖面图的标注

四、零件图的作用和内容

各种机器或部件是由许多有关的零件装配而成的，而制造机器时是先从制造零件开始的，制造零件时要按图样进行加工。

用于表示零件结构、大小与技术要求的图样称为零件图（如图 2-16 所示），一张完整的零件图，应包括以下四部分内容：

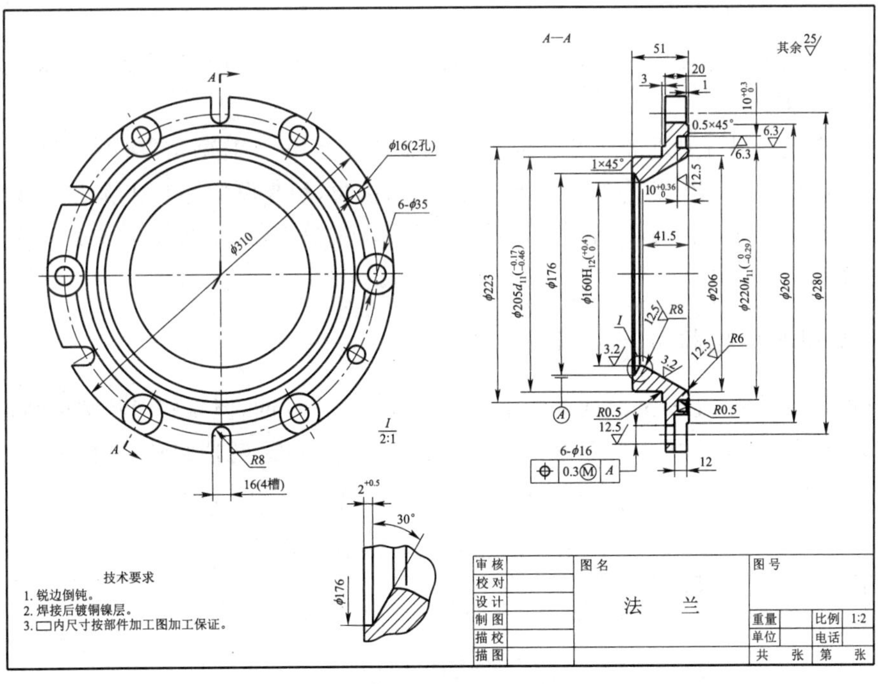

图 2-16　法兰零件图

1. 一组视图

用必要的视图、剖视图、剖面图及其他规定画法，完整、清晰、准确地表达零件的内、外形状和结构。

2. 全部尺寸

完整、正确、清晰、合理地标注出制造、检验及装配时所需要的各种尺寸。

3. 技术要求

用符号、数字和文字注写出制造、检验时应该达到的一些质量要求，主要包括表面粗糙度、尺寸公差、形状和位置公差，材料的热处理及表面处理等要求。

4. 标题栏

用来填写零件的名称、材料、数量、代号比例及图样的责任者签名等内容。

五、零件图的尺寸标注原则

在制造(加工和检验)零件时，必须根据零件图中所标注的尺寸进行加工，因此，尺寸是零件图的主要内容之一。

1. 尺寸标注的要求

零件的真实大小是以图样上所注的尺寸数值为依据的，与绘图的准确度无关，因此零件的尺寸标注是至关重要的。尺寸的标注应该遵循完整、清晰的原则，此外，零件图上的尺寸标注还要求具有合理性。所谓合理性就是标注的尺寸既满足零件的设计要求，又符合一定的工艺要求，便于加工和测量。

2. 尺寸基准的选择

要把零件图尺寸标注的合理，一个关键的问题是应从设计和加工的实际要求出发，选择适当的尺寸基准。

尺寸基准包括设计基准和工艺基准。设计基准是指：设计时确定零件在机器(或部件)中位置的一些面、线或点；工艺基准是指：加工和测量时，用来测定零件上某几何要素的面、线或点。通常选择零件的重要加工面，如结合面、端面、轴肩等，以及对称平面或主要孔、轴的轴线等作为尺寸基准。

六、常见零件结构的尺寸标注

零件的形状结构，主要是根据其使用功能的需要而设计的，但有些形状结构则是出于加工、测量等方面的考虑。零件图上常见的典型结构，如各种孔、铸造圆角、起模斜度、退刀槽、越程槽、倒角等结构，其尺寸标注方法见表 2-1 和表 2-2。

表 2-1　常见孔的尺寸标注

类型		旁注法及简化注法	普通注法	说明
螺孔	通孔	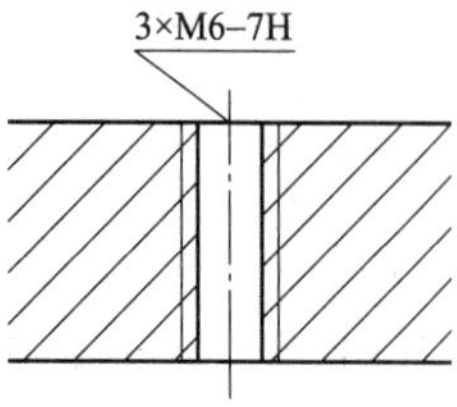 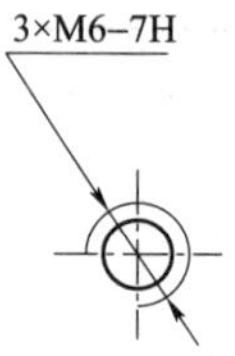	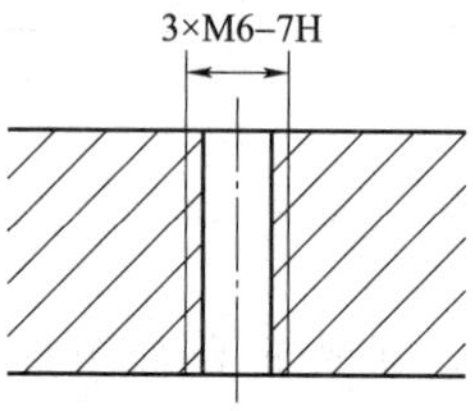	3×M6 为大径是 6 mm 并均匀分布的三个螺孔；三种标注法可任选一种

续表

类型		旁注法及简化注法	普通注法	说明
螺孔	不通孔	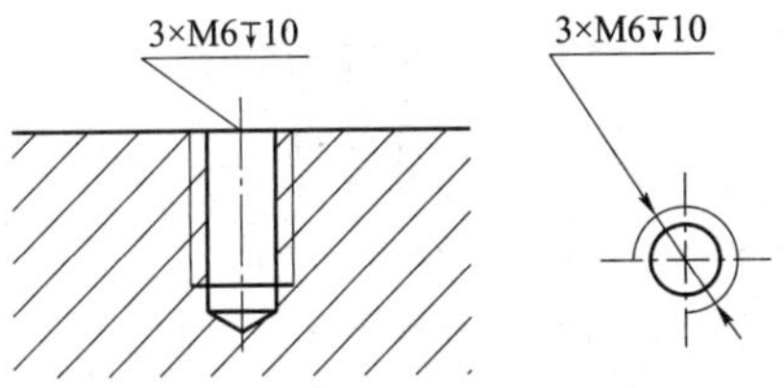	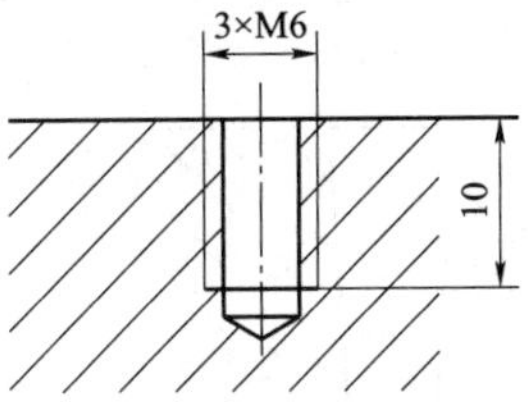	只注螺孔深度时，可以与螺孔直径连注
		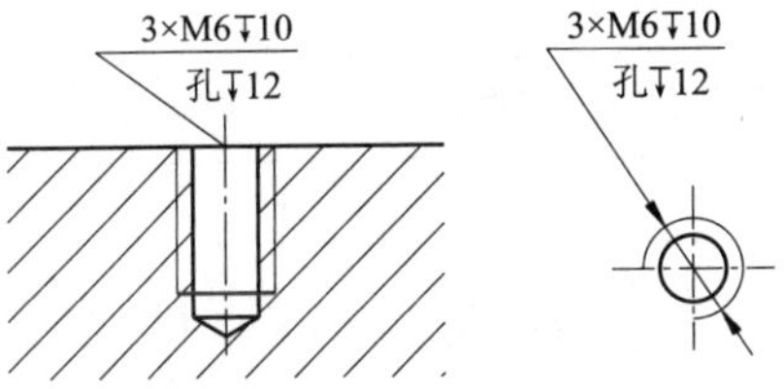	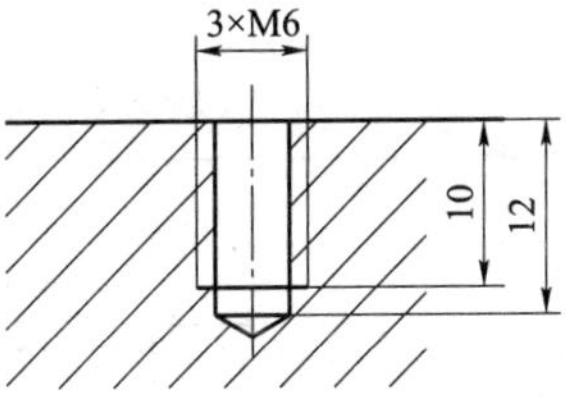	需要注出光孔深度时，应明确标注深度尺寸
沉孔	锥形沉孔	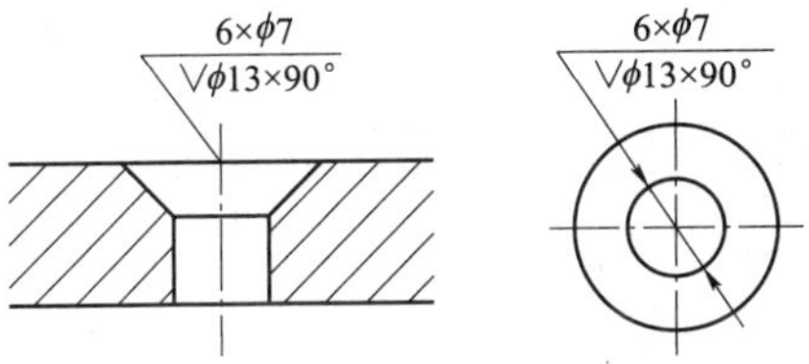	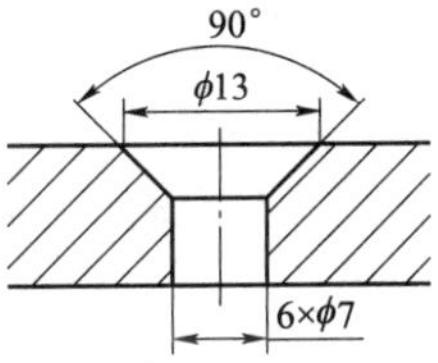	6×ϕ7 为直径 7 mm、均匀分布的 6 个孔，沉孔尺寸为锥形部分的尺寸
	柱形沉孔	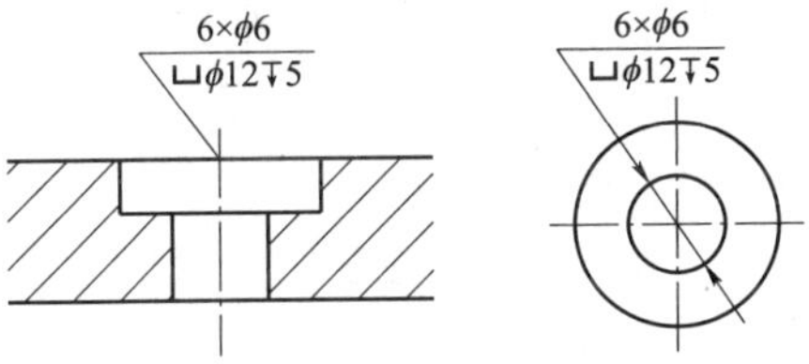	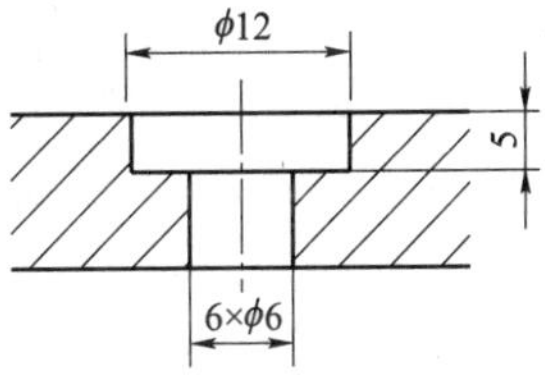	6×ϕ6 为直径小的柱孔尺寸；沉孔 ϕ12 mm 深 5 mm 为直径大的柱孔尺寸
	锪平孔	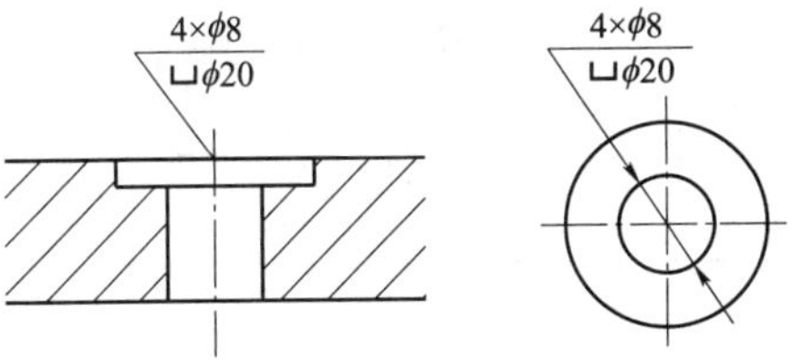	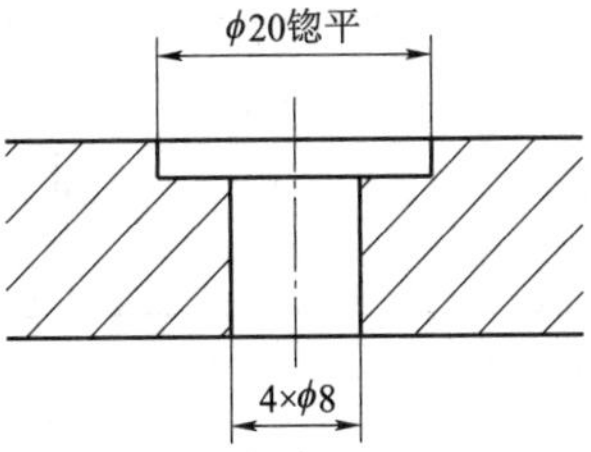	4×ϕ8 为直径小的柱孔尺寸。锪平部分的深度不注，一般锪平到不出现毛面为止
光孔	精加工孔	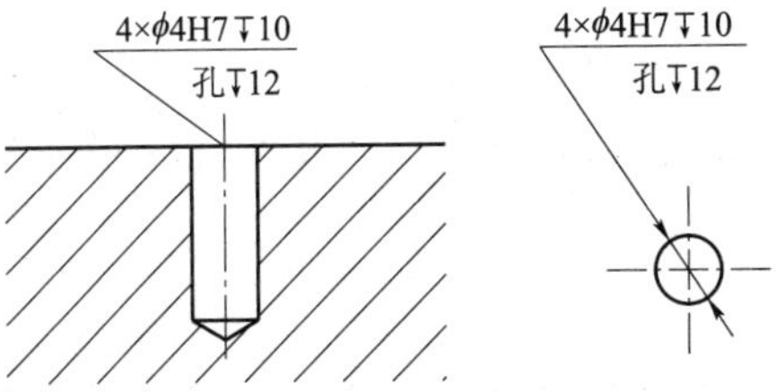	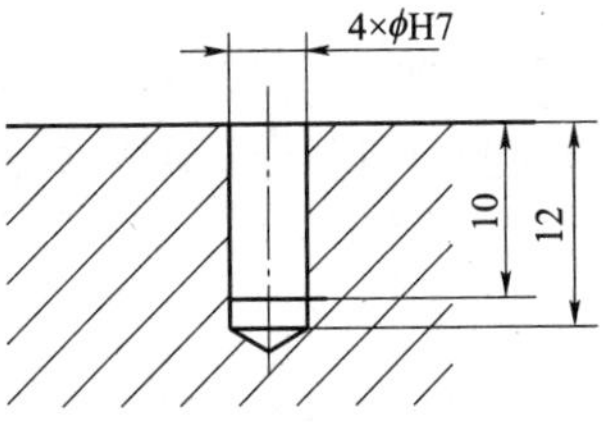	4×ϕ4 为直径是 4，均匀分布的 4 个孔；精加工深度为 10 mm，光孔深度 12 mm

续表

类型		旁注法及简化注法	普通注法	说明
光孔	推销孔	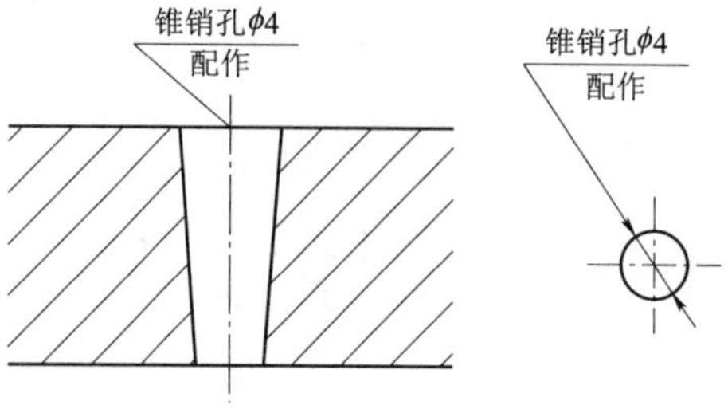	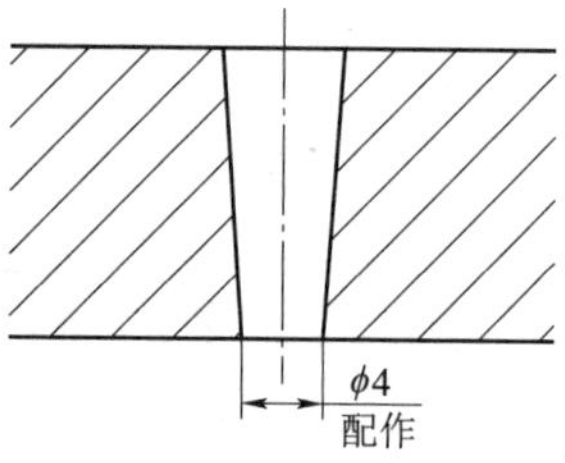	推销孔小端直径为 ϕ4；并与其相连接的另一零件一起配钻铰

表 2-2　常见工艺结构的尺寸标注

类型		一般标注
倒角	45°倒角	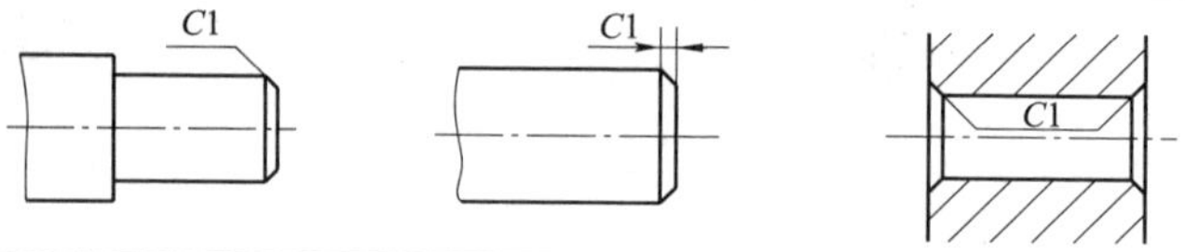
	30°倒角	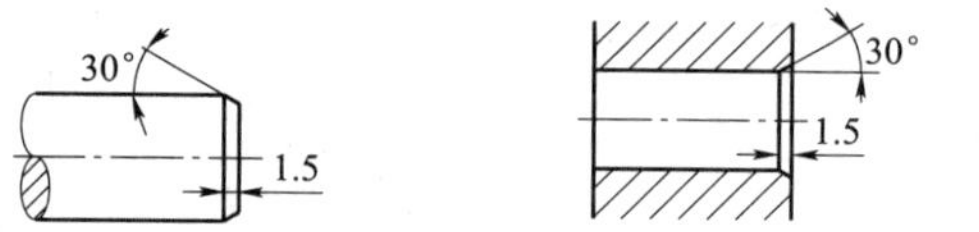
	60°倒角	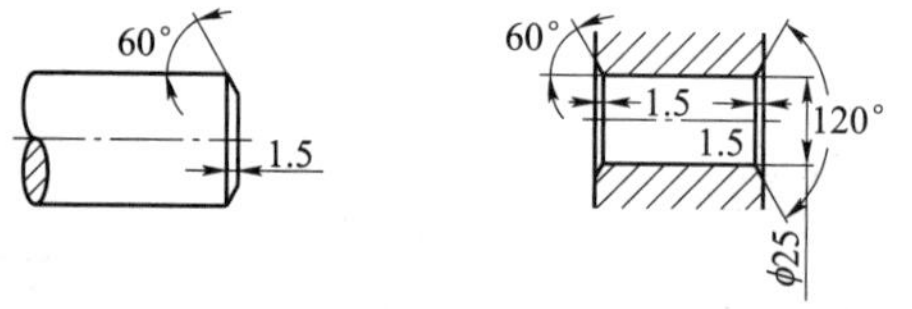
退刀槽		

七、零件图的技术要求

为了使零件达到预定的设计要求，保证零件的使用性能，在零件图上还必须注明零件在制造过程中应达到的质量要求，即技术要求，如表面粗糙度、尺寸公差、材料热处理及表面处理等要求。

1. *表面粗糙度*

表面粗糙度是指加工后零件表面因刀痕、金属塑性变形等影响形成的小间距和峰谷所组成微观几何形状特性，实质上是指表面的微观高低不平。

表面粗糙度反映了零件表面的加工质量。表面质量越高，表面粗糙度就越小，加工工艺就越复杂，加工成本就越高。

表面粗糙度对零件表面的摩擦磨损、疲劳强度、耐腐蚀性、接触刚度、配合精度、密封性及导热性能等有一定的影响，因此，科学、准确地选用和标注表面粗糙度具有十分重要的意义。

2. 表面粗糙度数值的选择

零件表面粗糙度的数值越小，即越光滑，使用效果越好，但加工成本也越高。因此，选择数值时既要满足零件的功能要求，又要符合加工的经济性，具体选用时，可参照生产中的实例，用类比法确定。表 2-3 为表面粗糙度获得的方法及应用举例。

表 2-3　表面粗糙度获得的方法及应用举例

表面粗糙度		表面外观情况	获得方法举例	应用举例
$R_a/\mu m$	名称			
	毛面	除净毛口	铸、锻、轧制等经清理的表面	如机床床身、主轴箱、溜板箱、尾座体等未加工表面
50	粗面	明显可见刀痕	毛坯经粗车、粗刨、粗铣等加工方法所获得的表面	一般的钻孔、倒角，没有要求的自由表面
25		可见刀痕		
12.5		微见刀痕		
6.3	半光面	可见加工痕迹	精车、精刨、精铣、刮研和粗磨	支架、箱体和盖等的非配合表面，一般螺栓支撑面
3.2		未见加工痕迹		箱、盖、套筒要求紧贴的表面，键和键槽的工作表面
1.6		看不见加工痕迹		要求有不精确定心及配合特性的表面，如支架孔、衬套、胶带轮工作面
0.8	光面	可辨加工痕迹方向	金刚石车刀精车、精铰、拉削加工、精磨、珩磨、研磨、抛光	要求保证定心及配合特性的表面，如轴承配合表面、锥孔等
0.4		微辨加工痕迹方向		要求能长期保持规定的配合特性的公差等级 IT7 级的孔和 IT6 级的轴
0.2		不可辨加工痕迹方向		主轴的定位锥孔，$d<20$ mm 淬火的精确轴的配合表面

3. 表面粗糙度符号、代号

国标 GB/T 131—1993 规定了表面特征代号（符号），表 2-4、表 2-5 所示为表面粗糙度符号和代号的意义。

表 2-4　表面粗糙度符号的意义

符　号	意义及说明
	基本符号，表示表面可用任何方法获得。当不加注粗糙度参数值或有关说明(如表面处理、局部热处理方法等)时，仅用于简化代号标注
	基本符号加一短划，表示表面使用去除材料的方法获得。如车、铣、钻、磨、剪切、抛光、腐蚀、电火花加工、气割等
	基本符号加一小圆，表示表面使用不去除材料的方法获得。如铸、锻、冲压变形、热轧、冷轧、粉末冶金等。或用于保持原供应状况的表面
	在上述三个符号的长边上均可加一横线，用于标注有关参数和说明
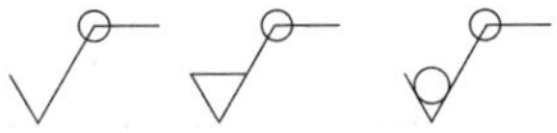	在上述三个符号上均可加一小圆，表示所有表面具有相同的表面粗糙度要求

表 2-5　表面粗糙度代号的意义

代　号	意　义	代　号	意　义
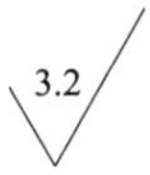	用任何方法获得的表面粗糙度 R_a 的上限值为 3.2 μm	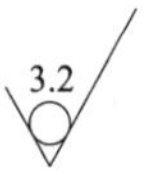	用不去除材料方法获得的表面粗糙度，R_a的上限值为 3.2 μm
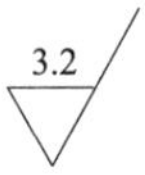	用去除材料方法获得的表面粗糙度，R_a的上限值为 3.2 μm	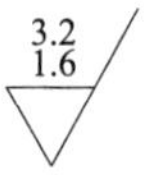	用去除材料方法获得的表面粗糙度，R_a的上限值为 3.2 μm，R_a的下限值为 1.6 μm
	用任何方法获得的表面粗糙度，R_a的最大值为 3.2 μm	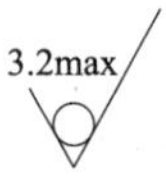	用不去除材料方法获得的表面粗糙度
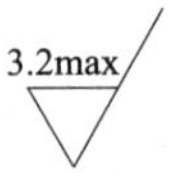	用去除材料方法获得的表面粗糙度，R_a的最大值为 3.2 μm	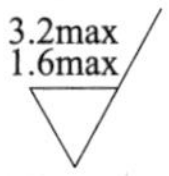	用去除材料方法获得的表面粗糙度，R_a的最大值为 3.2 μm，R_a的最小值为 1.6 μm

八、公差与配合的基本概念

1. 零件的互换性

为了提高劳动生产率，保证产品质量和降低成本，要求零件具有互换性。所谓“互换性”是指在相同规格的零件中，任取一件，不经挑选或修配，就能装入机器，并能达到设计的性能要求，零件的这种性质称为互换性。

零件的互换性的重要条件是必须保证零件尺寸的一致性。在生产实践中，不可能把零件的尺寸加工得绝对精确，为此，在符合使用要求的条件下，将零件尺寸的误差控制在一个允许的范围内，就能保证零件的互换性。

2. 公差与配合术语定义

(1) 基本尺寸：设计给定的尺寸。

(2) 实际尺寸：通过测量所得的尺寸。

(3) 最大极限尺寸：允许尺寸变化的最大极限值。

(4) 最小极限值：允许尺寸变化的最小极限值。

(5) 上偏差：最大极限尺寸减基本尺寸所得的代数差。

(6) 下偏差：最小极限尺寸减基本尺寸所得的代数差。

(7) 尺寸公差：简称公差，它是指允许尺寸的变动量。

(8) 零线：在公差带图中，确定偏差的一条基准直线。通常零线表示基本尺寸。零线之上，偏差为正；零线之下，偏差为负。

(9) 配合：基本尺寸相同的相互结合的孔与轴公差带之间的关系称为配合。配合有三种类型：

① 间隙配合：孔的尺寸总是大于轴的尺寸，产生间隙，这种具有间隙（包括最小间隙等于零）的配合称为间隙配合。此时，孔的公差带在轴的公差带之上。

② 过盈配合：孔的尺寸总是小于轴的尺寸，产生过盈，这种具有过盈（包括最小过盈等于零）的配合称为过盈配合。此时，孔的公差带在轴的公差带之下。

③ 过渡配合：当孔与轴的尺寸相比较，可能稍大，也可能小于轴的尺寸，即可能具有间隙或过盈的配合称为过渡配合。此时，孔的公差带与轴的公差带相互交叠。

(10) 配合制：当孔与轴的基本尺寸确定之后，如要获得上述三种不同性质的配合，可选定孔或轴作为基准件（孔为基准或轴为基准），并使基本偏差保持不变，变动与其配合的另一件（孔或轴）的基本偏差，以达到所需要的配合，从而产生了两种基准制度。

① 基孔制配合：基孔制配合是基本偏差为一定的孔的公差带，与不同基本偏差的轴的公差带形成各种配合的一种制度。基孔制配合的孔称为基准孔，下偏差为零。

② 基轴制配合：基轴制配合是基本偏差为一定的轴的公差带，与不同基本偏差的孔的公差带形成各种配合的一种制度。基轴制配合的轴称为基准轴，上偏差为零。

九、根据设备运行状况提出检修计划，并进行验收和试车

依据日常设备运行记录，通过现场检查、确认工艺设备的状态，并根据生产任务安排，有计划、有目的地提出检修计划。在此过程中应注意以下几个问题：

1. 设备状态的确认

随着设备运行时间的延长，设备状态逐步恶化。通过对设备的状态确认，从而可预计设备继续正常运行的时间，对有计划地进行设备检修具有重要意义。

2. 故障检修与计划检修相结合

尽管通过设备状态的确认，可以预计设备继续正常运行的时间，但有的时候并不见得设备可以正常运行到预期时间，而提前出现异常状态。尤其是较复杂的设备这种情况更明显。当设备出现异常，应立即进行故障检修，不应带病运行。以避免故障扩大，造成不必要的损失。

对于重点、关键、复杂设备，应建立运行台账，通过统计学手段对设备的多发故障类型、故障周期（正常运行周期）进行统计。并根据故障周期提前安排检修（即计划检修），是有效提高设备运行效率的有效手段。

3. 根据生产任务安排,合理制订设备检修计划

设备的存在是为实现生产任务而存在,设备检修计划要围绕生产计划进行安排。对于重点、关键、复杂设备的设备检修计划的制订要充分考虑中长期生产任务安排,及对生产可能产生的不利影响,并在检修计划制订过程中尽可能将对生产的不利影响降到最低。这就要求技师要具备一定的全局观念。

4. 根据工序设备状况制订备品、备件计划

备品备件是一个通用词,所有与设备有关的零件都可以用做备品备件。按词面来说就是备用的物品和备用的零件。

其实无论在维修还是制造,还是在各个领域,都需要提前准备一些物品和零配件,这些提前准备并会在不久的将来使用上的物品和零配件在文字上就定为“备品备件”。

备品是指未完成的加工品;备件是指为加工品和母机准备的已完成的加工件。

机械设备的备品备件一般指维修所需要的易损件,比如轴承、齿轮等。是为易损件准备的备用件,以防止因为易损件损坏、失效等原因使得生产停顿。备品是一个广义的含义,备件是一个狭义的概念,其实质都是一样的,都是备用品的意思。

建立设备维护、维修档案,根据统计结果,给备品、备件计划提供参考。

每月底对下月生产所需备品备件,进行全面统计报工段,再由工段报仓库材料计划员。如:设备备件,生产所需工器具,易耗品等。

第二节 选用检漏仪

学习目标:通过本部分的学习,使学员掌握氦质谱检漏仪、真空泵的选用及真空阀门密封面检查等相关知识。

检漏仪选用内容请参阅初中高级教材第三章第三节、第七章第一节内容。

一、真空泵的选泵

真空系统设计的关键问题是选择主泵。其内容是:确定主泵的类型;决定主泵的大小。

1. 确定主泵类型的依据

(1) 真空室所要达到的极限真空度和工作真空度。一般选取主泵的极限真空度比真空室的极限真空度稍高(不超过半个数量级)。而真空室的极限真空度则应当根据其漏气率和主泵的有效抽速数计算出来。

(2) 被抽气体种类,每种气体所占的比例以及气体中夹杂灰尘情况。为此,应当对各种泵的使用特点进行了解。

① 往复式真空泵适合在粗真空下工作,能直接排大气。排气量比较大,被抽气体中含有灰尘和水蒸气也能工作。在化学工业和钢液真空处理中应用比较合适。

② 水环式真空泵适合在粗真空环境下工作,能直接排大气。排气量比较大,可以排出含有大量灰尘和水蒸气的气体。可抽出可凝性气体和气水混合物。由于水环泵没有排气

阀，而且它的气体压缩是等温的，故可以用来抽取易燃易爆的气体。

③ 油封式机械真空泵能直接排大气。不但能单独抽空，还可以作为某些泵的前级泵。在无气镇装置情况下，该泵只适合用于抽除干燥气体。当带有气镇装置时，也可以抽出含有一定量的可凝性蒸汽。不适合抽出含氧量过高的气体、有爆炸性的气体、对金属有腐蚀性气体、对泵油有化学反应的气体以及含有颗粒灰尘的气体，也不能作为输送泵使用。

④ 机械增压泵（罗茨泵）是一种中真空泵。一般情况下在工作中不能将气体直接排到大气中。必须有一个前级泵，而且工作前必须有一个预真空环境（1.3 kPa 以下的压强）方能工作。罗茨泵性能与前级泵有密切关系。该泵启动快，允许被抽气体含有细颗粒灰尘，还可以抽出含有可凝性蒸汽的气体，因为罗茨泵不能将这些气体压缩到饱和状态。

⑤ 分子泵是能获得超高真空的设备。此泵启动快，转子的转数非常高。该泵有两种，一种为涡轮分子泵，它需要有前级泵将气体排到大气中，而且要有一个预真空环境才能工作。另一种为复合式真空泵，它只需要预真空环境，而不需要前级泵就能直接将气体排到大气中。它能抽出各种气体和蒸汽，也不怕突然暴露大气。它的缺点是抽出分子量较小的气体时其抽速下降，制造精度高，间隙小，容易出事故，成本高。

⑥ 水蒸气喷射泵能直接排大气，抽气量可以非常大。能排出各种气体，允许被抽气体含有大量的灰尘和水蒸气，该泵无机械运动部件，故没有摩擦、润滑、振动和噪声的影响问题。工作可靠，使用寿命长，适合化学工业和钢液真空处理以及石油工业和医药工业。

⑦ 油扩散泵属于油蒸气流泵。这种泵对分子量较小的气体（如氢气等）抽气能力非常大，不怕被抽气体中含有灰尘和水蒸气。它们不能将气体直接排到大气中，必须有前级泵。而且工作前必须有一个预真空环境，由于这种泵无运动部件，工作时无噪声和振动。泵的结构简单，制造和安装容易，寿命长，成本比较低。这种泵的缺点是普通工作液易氧化（硅油等除外），不能排出对金属有腐蚀性作用的气体或对泵油有化学反应的气体。它的起动时间长，因为有一段工作液体被加热的时间，这种泵作为主泵的系统，会有相当数量的泵油返流到真空室中，这对于某些工艺过程是不允许的。

⑧ 分子筛吸附泵是目前无油超高真空系统中的一种预真空泵。它是在低温下利用分子筛能大量吸气的一种吸附泵，它能由大气压下开始抽气一直达到 1.33×10^{-3} Pa。它可作为无油超高真空系统的前级泵或者作为预真空泵，它无机械运动部件，故无振动、无噪声、无油，工作时不用水和电，故它是清洁真空系统的一个主要真空泵，其缺点是只有在低温下才能吸气，工作中要消耗大量液氮，每次工作起动时间长，不适合用在那些经常暴露在大气中的真空容器中。

⑨ 钛泵是一种超高真空泵。它需要有一个预真空环境，因而需要一个预真空泵而不需要前级泵，钛泵对于活泼性较强的气体吸附能力较大，对于不活泼气体吸附能力较小，当采用分子筛吸附泵作为钛泵的预真空泵时，便构成无油的超高真空系统，当然也可以用机械泵做钛泵的预真空系统，钛泵无油、无机械运动部件，故无振动和噪声，制造简单。

⑩ 低温泵也是一种超高真空泵。该泵工作需要一个预真空环境，也可以不用预真空泵而直接由大气压下开始工作，直接获得超高真空，该泵抽速大，无油，无机械运动部件，故无

振动和噪声。抽气时不需要对被抽容器进行去气处理,适用于大体积超高真空的排气系统。

根据经济指标选泵:

当两种类型以上的泵都适合上述选泵条件时,则要根据经济指标来确定主泵,在比较经济指标时,要从整套真空系统来考虑,不要只比较泵。在 $1.33\times10^{-1}\sim13.3$ Pa 的压强范围内,以油增压泵为主泵的真空系统所需要的价格低,所需要的功率小;在压强低于 1.33×10^{-1} Pa 的范围内,油扩散泵排气系统比较经济;在压强高于 13.3 Pa 的范围内,罗茨泵排气系统比较经济。另一点还要根据现场条件来选泵,如水蒸气喷射泵有无现成的水蒸气来源,其经济性差别很大。总之,在选泵过程中应立足于既经济又适用。

2. 主泵大小的确定

(1) 根据真空室在工作时所需要的工作压强和室内的最大排气流量来决定。一般讲,每种泵都有其极限真空度和最佳抽速的压强范围,真空室内的工作压强一定要保证选在主泵的最佳抽速压强范围之内。泵的最佳抽速压强范围可由该泵本身的抽气速率与压强的关系曲线查到。

(2) 根据真空室的大小和抽气时间来选泵。真空室体积大小对于系统抽到极限真空的时间有影响,当抽气时间要求一定时,若真空室体积越大,则主泵抽速也越大。

二、真空泵的配泵

主泵选定之后,重要的问题是如何选配合适的前级泵(只需要配前级泵的那些主泵)。一般来讲,前级泵直接影响主泵性能,影响真空系统的抽气时间和经济效益。在真空系统中气体处于稳定流动状态时,整个管路上任意截面的气流量是相等的,当然在系统上所串联的各泵在单位时间内所抽走的气体量也是相等的,但是,系统各截面的气体压强并不相等,各截面的抽气速率也不相同。

1. 配前级泵的几点规定

(1) 前级泵应保证始终及时排出主泵所排出的气体流量。

(2) 前级泵应在主泵(扩散泵、油增压泵、分子泵和罗茨泵)出口处造成的压强低于主泵的最大排气压强。

由此两条规定,即可以配出前级泵。前级泵若兼作预抽真空泵时,则还有下一条规定。

(3) 兼作预抽泵的前级泵要满足预抽时间及预抽真空度的要求。

2. 配前级泵的方法

(1) 图解法。根据主泵和前级泵抽气特性曲线作排气流量与泵入口曲线图,按排气流量相等,查出对应主泵排气压强下的前级泵的抽速来。此方法仅适用于各种有关的泵的特性曲线都已知的条件下。

(2) 解析法。它是根据泵的一些已知参数,按规定的三条原则,用计算方法求解的,这里主要介绍解析法配泵,因为它比较简单容易些。

3. 配泵

由于主泵的特性不同,配泵可分为两种情况:一种是主泵需要配前级泵;另一种是主泵只需要配预真空泵,而不需要配前级泵。

(1) 主泵需要配前级泵

这类泵也有两种情况:

① 主泵是油扩散泵和油增压泵。该种泵抽气时需要前级泵在其出口处始终造成低于该泵的最大排气压强才能正常工作。油扩散泵的最大排气压强为 26.66～39.99 Pa;油增压泵的最大排气压强为 133.32～266.64 Pa。主泵配前级泵也可以按第一机械工业部制定的标准所推荐的前级泵型号来选取,如表 2-6 所示。

表 2-6　油扩散泵和油增压泵推荐前级泵抽速　L/s

油扩散泵抽速	推荐的前级泵抽速	油增压泵抽速	推荐的前级泵抽速
20	0.5	200	15
75	1	500	30
180	2	1 000	30
300	4	2 000	60
800	8	4 000	150
1 500	15	8 000	300
3 000	30	14 000	600
6 000	60	25 000	1 200
14 000	120	40 000	3 000
25 000	240		
55 000	500		
100 000	1 000		

② 主泵为分子泵和罗茨泵时配泵

这类泵的特点是它的抽气能力与前级泵的抽气能力有密切关系,分子泵的前级侧需要保持分子流状态,它才能稳定工作。为保证分子泵前级侧处于分子流状态,通常其前级泵的抽速应满足下式:

$$前级泵抽速=(2\%\sim10\%)\times分子泵抽速$$

罗茨泵由于转子与转子、转子与定子间的间隙较大,所以它对气体的压缩比较小,一般其前级泵要大些。

(2) 主泵只需要预备真空环境的预抽泵

这类泵的特点是该泵在抽空之前,需要某种泵先抽到预备真空,然后主泵独立工作,而不再需要前级泵,如钛泵和低温泵等。钛泵需要的预真空为 $1.33\times10^{-2}\sim6.67\times10^{-1}$ Pa,低温泵需要小于 1.33 Pa 压强的预备真空。

除此之外,前面介绍的需要前级泵的两类主泵也要抽成预备真空环境方能工作。如扩散泵的预备真空为 6.67 Pa,油增压泵预备真空为 13.33 Pa,罗茨泵预备真空为 1 333.2 Pa,分子泵的预备真空为 1.33×10^{-1} Pa。

三、真空阀门密封面检查

真空阀门的密封是靠阀座和阀芯的局部紧密配合而完成隔断介质流通的,阀座和阀芯的局部紧密配合位置也就是阀门的密封面,阀门的密封面的好坏决定了阀门的严密性。不同类型的阀门其密封面是不一样的,而承压的不同对于密封面的要求也是不一样的。压力越高,密封面的平面度和表面光洁度的要求也越高。

目前真空阀门密封面的检查以无损检查为手段,无损检查可分为目视检查、色印检查、仪器检查、渗漏检查等方法。铀浓缩厂的真空阀门检修中,对阀门密封面的检查主要采用的是目视检查和渗漏检查的方法。通过各种手段检测密封面的目的就是确保阀门在系统运行中的密封性,确保阀门在系统运行的可靠性。

1. 目视检查

(1) 目视检查的条件

目视检查是无损检查其中的一种,在目视检查中有两项必要的条件。

照明:合适的照明条件是保证目视检测结果正确的前提。

表面清洁:目视检查须保证密封面的清洁度,对于长期处于开位的密封副表面都会产生氧化层,用金相砂纸除去氧化层,用专用清洗剂清洗密封面或擦洗。

(2) 目视检查的分类与检查方法

一般来说目视可分为直接目视检查和间接目视检查两种。

直接目视检查就是直接用人眼或使用放大倍数为 6 倍以下的放大镜,对密封面进行检查。在进行直接目视检查时,应当能够充分靠近被检试件,使眼睛与被检试件表面不超过 600 mm,眼睛与备件表面所成的夹角不小于 30°。检测区域应有足够的照明条件,但不能有影响观察的刺眼反光。

间接目视检查是无法直接进入检查区域,可以辅以各种光学仪器或设备进行间接观察,如使用反光镜,工业内窥镜或者其他合适的仪器进行检测。在核岛阀门检修中会遇到阀门本体放射性剂量相当高,近距离的目视检查会让检查者接受大量的照射,这个时候就可以使用间接目视检查。

2. 色印检查

色印检查又叫红油检查或者蓝油检查,是指在阀门密封面上均匀涂抹红油或者蓝油,利用阀门的正常关闭或模仿正常关闭的方式使密封面紧密接触,通过产生的色印来检查密封面接触是否良好的方法。该方法是阀门检修必须掌握的。

3. 仪器检查

通常运用平面度监测仪来作检查,平面度监测仪是将一面透镜(平晶)放在密封面上,旁边射入一束单色光(如钠灯),人眼在透镜上方观察出现光线条纹。入射光是单色光,因此波长一样,光线在通过透镜到达密封面后反射,再透过透镜射出,两束光线相互干涉。如果正好是波峰遇到波峰,光度最强,如果波峰遇到波谷,亮度最暗。最亮和最暗形成干涉条纹。两个相邻亮纹间的高差为半波长,同一条纹的高度相同。根据平面平晶工作面与工件的被测量面之间所出现的干涉条纹,通过数条干涉条纹就可以进行量化评估该密封面的平面度误差程度。如果是用充满氦气的钠光灯,这种光源的波长是 0.000 598 mm,在检测平面时条纹间的高度差用半波长进行,就是说产生的干扰条纹对应的高度差单位是 0.3 μm,即光学镜片(平面平晶)两条暗纹中心之间被测部件的水平度为:高或低 0.3 μm。根据平面平晶工作面与工件的被测量面之间所出现的干涉条纹，就可以判断被测量面的平面度误差程度。

平面度监测仪检查的原理如图 2-17 所示。

4. 渗漏检查

渗漏检查是通过氦质谱检漏仪对真空阀门的密封面渗漏漏率大小进行无损检测的一种方法。详细检测方法请参阅初中高技能第三章第三节内容。

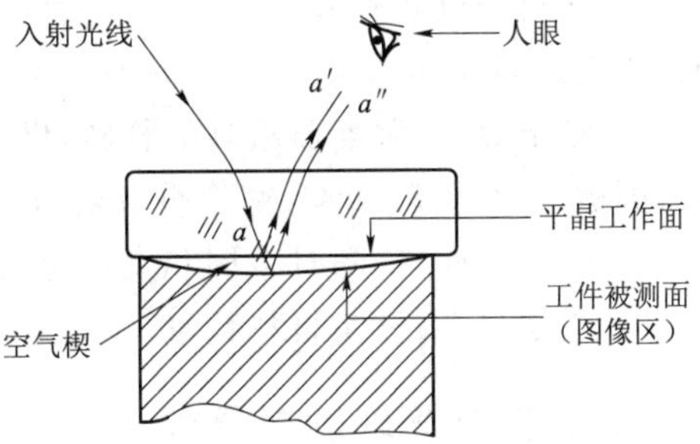

图 2-17　平晶检查

第三节　申报材料计划

学习目标：通过本部分的学习，使学员掌握真空设备材料和工器具管理制度要求等相关知识。

一、概述

工厂对于材料和工器具均有规范的管理制度要求，其目的是为了保障各项生产活动所需的材料和工器具的供应、保证适宜的材料和工器具被合理有效地使用，并规范库房管理、合理控制库存和节约成本。

二、材料管理制度要求

1. 材料验收入库

(1) 对入库材料的品种、规格、型号、质量、数量、包装等认真核对。按照采购合同和有关标准严格验收，做到准确无误。

(2) 入库材料验收应及时准确，不能拖拉，尽快验收完毕。如有问题及时提出验收记录，向主管采购人员反映，以便得到解决。

(3) 材料验收合格后，应及时办理入库验收单，同时核对发票、运单、明细表、装箱单及产品合格证，核对无误后入库签字，并及时登账。

2. 材料的出库（出借）

(1) 材料出库应本着先进先出的原则，及时审核发料单上的内容是否符合要求，核对库存材料是否准确，做好材料储备工作。

(2) 准确按专用单据的品种、规格、数量进行备料、复查、以免发生差错，做到账实相符。

(3) 按照材料保存期限，对于快要过期失效或变质的材料应在规定期限内发放，对能回收利用的材料尽可能利用，剩余废旧材料时回收利用，非正常手续不得出库。

3. 材料保管、保养

(1) 根据库存材料的性能和特点进行合理储存和保管，做到保质、保量、保安全。

(2) 合理码放。对不同的品种、规格、质量、等级的材料及工器具都分开，按先后顺序码放，以便先进先出。

(3) 材料码放要整齐,怕潮湿物品要上盖下垫,注意防火、防潮、防湿,易燃材料要单独存放,所有材料要明码标识,搞好库区环境卫生,经常保持清洁。

(4) 对于温度、湿度要求高的材料,做好温度、湿度的调节控制工作,高温季节要防暑降温;梅雨季节要防潮、防霉;寒冷季节要防冻保温。

(5) 要经常检查、随时掌握和发现材料的变质情况,并积极采取补救措施。

(6) 定期盘点、核实材料数量,废料进行回收利用,避免浪费。

三、工器具管理制度要求

1. 工器具入库

(1) 对入库工器具的品种、规格、型号、质量、数量、包装等认真核对。按照采购合同和有关标准严格验收,做到准确无误。

(2) 入库工器具验收应及时准确,验收中如有问题须做好记录,并及时向主管采购人员反映,以便得到解决。

(3) 工器具验收合格后,应及时办理入库验收单,同时核对发票、运单、明细表、装箱单及产品合格证,核对无误后入库签字,并及时登账。

(4) 登记新入库的工器具的校验日期,制作标签粘贴在工器具的明显位置,严格管理工具的校验日期,为日常维护做好数据准备。

2. 工器具出借

(1) 工器具出库必须遵循只有在校验合格期限内的工器具才能办理出借程序的原则,及时审核发料单上的内容是否符合要求,核对库存工器具是否准确,做好工器具储备工作。

(2) 准确按专用单据的品种、规格、数量进行备料、复查、以免发生差错,做到账实相符。

(3) 临近工具校验日期的工器具必须及时提交校验申请并不得再进行(出借)出库。

(4) 完全损坏的工器具应在工具清单中进行注明并提交报废申请,并选择指定的区域暂存,以防止报废工具被使用而影响维修质量。

3. 工器具保管、保养

(1) 根据库存工器具的性能、应用领域及特点进行合理储存和保管,做到保质、保量、保安全。

(2) 合理码放。对不同的品种、规格、质量、等级的工器具都分开,按先后顺序码放,以便先进先出。

(3) 工器具码放要整齐,怕潮湿物品要上盖下垫,注意防火、防潮、防湿,易燃材料要单独存放,所有材料要明码标识,搞好库区环境卫生,经常保持清洁。

(4) 特殊存放要求的工器具,做好相应环境因素的调节控制工作,如防高温暴晒;防潮、防霉;防冻保温等。

(5) 对长期存放使用较少的工器具,进行周期性的检查和维护。

(6) 按周期进行数量盘点严格控制工器具进出、严格按照校验日期按月份、季度或周年提交采购申请、送检申请或报废申请。

第三章　培训指导

第一节　指导操作

学习目标：通过本部分的学习，使学员掌握培训指导操作方法等相关知识。

一、指导初、中、高级工进行实际操作

对初、中、高级工的实际操作指导，以生产现场为主，可以适当结合课堂教学。对初、中、高级工的实际操作指导的工作范围主要包括：

1. 初级工：以真空工艺参数、设备操作要点、安全生产规程及工艺操作技能为主；

2. 中级工：以生产技术文件识读、流程图识读、常见故障判断与排除及真空测量参数的计算练习为重点；

3. 高级工：以掌握岗位设备性能、岗位操作法为重点，同时进行设备检查、维护、常见故障判断与排除、生产技术文件识读、流程图绘制、操作技能提高等相关训练。

二、培训指导方法

1. 对在岗人员培训，可采用在岗培训或脱产培训，以基础知识培训、技能培训和素质培训为内容，而不同内容知识培训、技能培训和素质培训应确定不同的受训者。根据需求分析确定哪些员工缺乏哪些知识或技能，即初、中、高人员应分别进行培训，培训内容与缺乏的知识及技能相吻合，以达到最佳的培训结果。

2. 培训方法的选择：选择合适的培训方法可起到较好的培训效果，培训方法一般有讲授法、案例法、演示法。

（1）讲授法就是指讲授者通过语言表达，系统地向受训者传授知识，期望这些受训者能记住其中的重要观念与特定知识。讲授法用于教学时要求：

① 讲授内容要有科学性，它是保证讲授质量的首要条件；

② 讲授要有系统性，条理清楚，重点突出；

③ 讲授时语言要清晰，生动准确；

④ 必要时应用板书。

讲授法虽是培训中应用最普及的一种方法，但它既有显而易见的优点，同时，也有很多缺陷。讲授法的优点：

① 有利于受训者系统地接受新知识；

② 容易掌握和控制学习的进度；

③ 有利于加深理解难度大的内容；

④ 可以同时对许多人进行教育培训。

其缺点为：

① 讲授内容具有强制性,受训者无权自主选择学习内容;

② 学习效果易受教师讲授的水平影响;

③ 只是教师讲授,没有反馈;

④ 受训者之间不能讨论,不利于促进理解;

⑤ 学过的知识不易被巩固。

(2) 演示法:是运用一定的实物和教具,通过实地示范,使受训者明白某种事务是如何完成的。演示法要求:

① 示范前准备好所有的用具,搁置整齐;

② 让每个受训者都能看清示范物;

③ 示范完毕,让每个受训者试一试;

④ 对每个受训者的试做都给予立即的反馈。

演示法用于教学同样优点与缺点并存。其优点为:

① 有助于激发受训者的学习兴趣;

② 可利用多种感官,做到看、听、想、问相结合;

③ 有利于获得感性知识,加深对所学内容的印象。

演示法的缺点为:

① 适用的范围有限,不是所有的内容都能演示;

② 演示装置移动不方便,不利于教学场所的变更;

③ 演示前需要一定的费用和精力做准备。此方法适用于现场培训。

(3) 案例法:是指用一定视听媒介,如文字、录音、录像等,所描述的客观存在的真实情景。

案例法用于教学有三个基本要求:

① 内容应是真实的,不允许虚构。为了保密,有关的人名、单位名、地名可以改用假名,称为掩饰,但其基本情节不得虚假,有关数字可以乘以某掩饰系数加以放大或缩小,但相互间比例不能改变;

② 教学中应包含一定的管理问题,否则便无学习与研究的价值;

③ 教学案例必须有明确的教学目的,它的编写与使用都是为某些既定的教学目的服务的。

案例教学越来越受到人们的喜爱,但作为一个教学方式它也不可避免地优缺点并存。案例法的优点:

① 它提供了一个系统的思考模式;

② 在个案研究的学习过程中,接受培训可得到另一些有关管理方面的知识与原则;

③ 作为一个简便方法,有利于使受培训者参与企业实际问题的解决。

案例法的不足之处在于:

① 每一个案例都是为既定的教学目的服务的,缺乏普遍适用性,不一定能与培训目的很好吻合;

② 案例数量有限,并不能满足每个问题都有相应案例的需求;

③ 案例无论多么真实,但它毕竟是使受训者以当事人的角度去考虑,因而不必承担任何责任,不能像当事人那样承受种种压力,不可避免地存在失真性。

3. 人员培训。

(1) 初级人员的培训：初级人员多数都是新上岗人员(转岗人员、新招人员)，对于这些人员的培训应注重基础理论方面的培训，可按照培训大纲中初级教材进行培训，并应注重动手能力的培养。

(2) 中级人员的培训：按照中级教材进行培训，在教学过程中，应以理论教学为基础，以熟练使用岗位设备、熟练掌握岗位操作法为中心，强化设备日常维护与使用状态检查、一般设备故障判断与排除、生产技术文件识读、流程图识读等的训练。使培训对象掌握必要的知识和技能。

(3) 高级人员的培训：按照高级工教材进行培训，在教学过程中，应以理论教学为基础，以真空测量参数计算、事故应急预案、测量参数调整等为中心，强化系统状态检查、设备检查与维护等操作技能的训练。使培训对象掌握成为班组生产骨干所必需的知识和技能。

第二节　理论培训

学习目标：通过本部分的学习，使学员掌握理论培训教学方法等相关知识。

一、教学方法概述

教学方法是在教学过程中，教师和学生为实现教学目的，完成教学任务而采取的教与学相互作用的活动方式的总称。内涵包括：

教学方法必须为实现教学目的、完成教学任务服务，即方法要服务于目的；

教学方法最主要的本质是师生相互作用的活动方式；

教学方法是师生活动的方式、步骤、手段和技术。

二、教学方法

1. 培训原则

由于铀浓缩行业的特殊性，其培训不仅要让员工单纯掌握技能和熟悉所要严格遵守的程序，而且还要使他们了解其职责的重要性，以及因理解不当或缺乏警惕性可能造成的错误的后果。基于此，运用国内外其他铀浓缩厂的经验反馈，将核安全文化概念纳入适当的培训大纲。

培训应确保所有员工了解在其活动范围内可能出现的错误。这种培训建立在对所包含的安全质量问题有基本了解的基础上，考虑到此类错误可能产生的后果，同时也考虑如何避免错误和出现错误应如何纠正的问题。

同时，为实现铀浓缩厂的培训政策，严格遵循以下培训原则：

(1) 持证上岗制。为确保铀浓缩工厂安全和经济运行，每个员工在执行各种任务之前，必须进行适当的培训并获得相应的上岗资格，资格管理制度适用于铀浓缩厂与核安全相关的员工。

(2) 全员培训制。铀浓缩厂员工的培训管理制度适用于全体员工，与他们所处的地位和身份无关。

2. 常用的教学方法

(1) 讲授法

讲授法:是教师通过简明、生动的口头语言向学生传授知识、发展学生智力的方法。它包括讲述、讲解、讲读、讲演等方式。

(2) 谈话法

谈话法也叫问答法,是教师根据学生已有的知识和经验提出问题,要求学生回答,通过师生间的对话交谈,引导学生独立思考,获得知识和巩固知识的方法。

(3) 直观演示法

演示法是教师在课堂上通过展示各种实物、直观教具,或进行示范性实验,让学生通过观察获得感性认识的教学方法。

(4) 练习法

练习法:是在教师的指导下进行巩固知识、运用知识、形成技能技巧的方法。练习法的种类一般分为:语言的练习,解答问题的练习,实际操作的练习等。

(5) 实验法

实验法是在教师指导下,学生运用一定的仪器设备进行独立作业,观察事物和过程的发展变化,探求事物规律,以获得知识和技能的方法。

(6) 实习作业法

实习作业法:是教师根据课程标准的要求,指导学生进行一定的实践活动,培养学生的操作能力,并将书本知识运用于实践的一种活动方法。

(7) 讨论法

讨论法是在教师指导下,学生以全班或小组为单位,围绕教材的中心问题,各抒己见,通过讨论或辩论活动,获得知识或巩固知识的一种教学方法。教学实践证明,学生通过对所学内容的讨论,可以集思广益,互相启发,同时可以激发学习热情和培养对问题的钻研精神。

(8) 读书指导法

读书指导法是教师指导学生通过阅读教科书或参考书,以获得知识、巩固知识、培养学生自学能力的一种方法。

(9) 参观法

参观法是教师根据教学任务的要求,组织学生到工厂、农村、展览馆、自然界和其他社会场地,通过实际事物和现象的观察和研究而获得知识的方法。

3. 教学方法的优选

(1) 优选依据

必须依据教学目的;

必须依据教材内容;

必须依据学生的实际情况;

必须依据教师的特点。

(2) 教学方法的优化组合

复杂的教学活动要求教学方法多样化;学生参与教学活动的需要;各个教学方法的性质和作用不同。

4. 教学方法的运用

(1) 岗位培训

① 定义

岗位培训是指针对专门的岗位而设置的培训项目,如铀浓缩生产设备真空工培训、电气检修工培训等。

② 培训内容

岗位培训的内容主要根据具体的岗位而定,各个岗位具有各自的工种,如机械、电气、仪控;每个工种根据负责的设备类型分为各个专业,如阀门、容器、泵等;而各个专业根据人员分工和知识结构的不同,培训的内容也不同,有深浅难易之分。

③ 培训方式

岗位培训的方式分为知识培训、技能培训和管理培训。知识培训主要通过课堂教学、自学等方式进行,其重点在于理论知识的掌握,如真空泵、检漏仪工作原理等;技能培训则重视真空检漏操作技能的提高,可通过实体模拟练兵操作等方式进行;管理培训则主要针对技术人员、班组长等岗位而设置,管理培训重在班组生产管理方面的知识与技能的提高,如班组生产管理、安全管理、班组建设等等,管理培训的方式也主要以课堂授课的方式进行。

(2) 特有工种取证培训

① 定义

特有工种取证培训是指为了某个特殊工种能具备相应的工作资格证而进行的培训,如民用核设备无损检测取证培训等。

② 培训内容

特有工种取证培训内容视具体取证类型而定,培训内容大不相同。

③ 培训方式

特有工种取证培训通常主要是以课堂授课为主,个别有操作要求的取证要求有操作考试,因此课堂会设置操作培训的环节。但不管以何种方式进行培训,最终都会要求考核,考核合格的方可获取相应的证书。

(3) "师带徒"培训

① 定义

"师带徒"培训是目前铀浓缩厂针对新入厂的员工开展的较为常用的培训方式,"师带徒"培训顾名思义是为新员工安排一位师傅,由师傅带领徒弟学习的一对一培训方式。

② 培训内容

"师带徒"培训主要是为了让新员工更快地熟悉现岗位的基本知识,掌握岗位所需的一些基本技能,因此培训的主要内容以所在岗位的基础知识和基本技能为主,"师带徒"培训协议一般为一年。

③ 培训方式

"师带徒"培训的培训方式由师傅决定,培训方式非常灵活。常见的方式为检修知识讲解、答疑,现场检修操作指导等方式。

第四章　组织管理

第一节　质量管理

学习目标：通过本部分的学习，使学员掌握质量管理等相关知识。

在生产活动中，必然会出现产品技术指标、工艺配方、机电设备、仪器仪表、原辅材料、作业环境、操作控制等等诸多矛盾，矛盾集中的焦点是产量、质量和成本效益，矛盾的源头是在班组生产活动，矛盾的偶然性和频发性及运动规律等基本特性的第一现场是班组作业活动，第一个发现和认清矛盾的是班组操作人员。所以，解决矛盾的最基本依靠的力量是班组的作业人员。调动、鼓励全体班组人员组织各类课题小组、揭示生产矛盾的实质、科学分析矛盾的运动规律、群策群力制定解决矛盾的措施，开展群众性的课题攻关活动。发扬蚂蚁啃骨头的精神，采用循序渐进、螺旋式上升地方式逐一解决问题。下面介绍组织攻关活动的基本方法：

一、借鉴全面质量管理 QC 小组的形式开展活动

为了有组织地开展活动，首先是成立某某小组并向管理部门申请备案。可以给活动小组取一个响亮的名字，也可以就活动课题内容命名。活动小组还可以邀请技术与管理人员参加。活动小组人员有了组织形式，就可以名正言顺地开展正常活动。

（1）确定攻关课题和目标。攻关小组要根据各个课题的难易程度、小组成员的具体能力来制订计划和确定目标。但在制订季、月的活动计划时，应对每次活动的时间、内容、目标、分工、进度等作出规定。每月活动应不少于一次。

（2）分析原因：要充分发挥攻关小组各成员的聪明才智，深入分析矛盾的主次原因。

（3）制定对策：在分析矛盾主、次原因基础上，制订出具有针对性的措施，组织落实。

（4）实施计划：全体组员必须坚持开好每天班前会，每周讲评会，每月活动分析会和问题分析会，保质按量按期完成各项措施的实施。

（5）检查结果：应对措施实施过程进行观察、检测和措施实施产生的表观及实质进行分析、判断和结论。

（6）修订目标：为了保证攻关小组活动成果不流失，应把攻关过程中行之有效的措施、方法和实际效果进行标准化，在此基础上修订下步活动目标，以巩固成果、扩大成果。

（7）巩固、总结、提高：攻关小组成果必须经三个月以上的巩固阶段，才能参加成果发表。认真总结经验，表扬好人好事，以资鼓舞士气，提高活动小组人员进一步参与后续攻关活动的积极性。

二、借鉴全面质量管理的各类工具开展活动

（1）排列图：是对发生频次从最高到最低的项目进行排列而采用的一种简单的图示技

术。又叫帕累托图。

(2) 直方图:是频数直方图的简称。它是一系列的宽度相等、高度不等的矩形表示数据分布图。

(3) 控制图:是对过程质量加以测定、记录并进行控制管理的一种用统计方法设计的图。

(4) 饼图、折线图、矩形图QC小组活动中也经常用到。

三、非数字资料的工具和技术

(1) 分层法:又叫分类法、分组法,它是按照一定的标志,把收集到的大量有关某一特定主题的统计数据和意见加以归类、整理和汇总的方法。

(2) 因果图:又叫特性要因图、树枝图等。它是揭示质量特性波动与其潜在因果关系,即表达和分析因果关系的一种图示。

(3) 树图:又叫系统图,是表示某个质量问题与其组成要素之间的关系,从而明确问题的重点,寻求达到目的所应采取的最适当的手段和措施的一种树枝状图。

(4) 对策表:又叫做措施计划表,是针对质量问题的主要原因而制定的应采取措施的计划表。

(5) 流程图:就是将一个过程(如工艺过程、检验过程、质量改进过程等)的步骤用图的形式表示出来的一种图示技术。

(6) 头脑风暴法:又叫做畅谈法、集思法等。它是采用会议的方式引导每个参加会议的人员围绕着某个中心议题广开言路、激发灵感,在自己头脑中掀起风暴,毫无顾忌、畅所欲言地发表独立见解的一种集体创造性思维方法。

第二节 技术管理

学习目标:通过本部分的学习,使学员掌握生产技术总结基本知识、撰写方法等相关内容。

一、生产技术总结基本知识

生产技术总结是针对某一周期的生产活动中的工艺技术情况,撰写的技术总结。重点是对该周期内出现的技术问题所采取的技术措施及其效果的总结。

生产技术总结主要内容包括:生产情况介绍;技术问题提出;技术措施的提出;技术效果总结;获得的经验与存在的不足。

技术总结的特点以及与技术论文的区别在于:

1. 技术总结侧重于叙述技术研究、技术攻关和技术革新的事实和结果,而技术论文则侧重于解释技术性的问题,并针对技术攻关、技术革新中的疑难点、问题从技术上进行学术探讨。

2. 在内容程度上技术总结是以叙述技术研究、技术攻关、技术革新、操作程序、工艺方法、改造流程及总结成败经验教训为主;而技术论文则是记叙、论证技术研究、技术攻关、技术革新中有创造性的部分。

3. 在文章体裁上,技术总结属于说明文类的文体。

二、生产技术总结撰写方法

1. 选题

选题是写好技术总结的前提,也可以说是技术总结成败的关键。因此,选题时应遵循以下几个基本原则:

(1) 题目要选得具体、明确,既不能琐碎,也不能孤立;让人读后能明白,不产生歧义。

(2) 选题难度要适中,即在选题范围上,宜窄不宜宽;在选题内容上,宜小不宜大;在选题深度上,宜深不宜浅。

(3) 选题时要注意扬长避短,力求与自己所从事的生产实践相对口,并尽量选择能充分展示自己技术特长的项目。

(4) 最好是选择本工种专业前人没有尝试过或者前人虽已做过,但尚不完全或有谬误的项目。

(5) 努力从本专业工种出发,着重选择能为本企业、本公司、本集团创造经济效益和有实用价值的项目。

2. 技术总结的基本结构格式

技术总结的基本结构主要包括前头、主体和附录三大部分。

(1) 前头部分。主要包括:技术总结的标题,作者单位及姓名、摘要。

标题:简明、具体、明确地反映技术总结的特定内容。

作者姓名:包括作者的工作单位,必要时还需注明专业工种和技术等级。

摘要:对于技术总结可以省略不写,但对于技术论文均应有技术摘要。技术摘要一般置于标题和作者之后,正文之前。

(2) 主体。主要包括:前言、正文、结果、结论及讨论、致谢、参考文献。

前言:主体部分的开端。简要说明研究工作的目的、范围、相关领域的前人工作和空白、理论基础和分析、研究设想、方法、预期结果和意义等。应言简意赅,不要与摘要雷同,不要成为摘要的注释。

正文:是技术总结所表达解决技术问题的核心部分,占主要篇幅。常有分析技术问题、解决技术问题的方案、步骤和方式、方法及论证过程。

正文的内容应根据所做的工作确定,必须实事求是、客观真切、合乎逻辑、层次分明、简练可读。

结果、结论和讨论:对于技术总结只需写出解决问题后的效果及创效情况即可;而技术论文则是最终得出的总体结论,而不是各小段小结的重复。

致谢:在解决技术问题上,凡是对本文提供过重要指导和帮助的同志,都应在论文的结尾书面致谢。

参考文献:凡是在技术总结中,引用别人文章、数据、材料、论点等均应列出参考文献的出处。

正文部分涉及内容较多,宜采用章、节、目、项分设层次,使其眉目清晰、层次分明、重点突出。正文部分的章、节、目、项的序号可采用阿拉伯数字编号法。这种编码方法是:技术总结中的章依次从1开始连续编号,每一章下可分若干连续的节号,以此类推。在不同级的章、节、目、项编号用“.”相隔。

3. 技术总结各组成部分的写作方法

(1) 标题的拟定

标题是技术总结内容的高度概括和窗口,是技术总结精髓的集中体现。因此,精心拟定其标题是至关重要的。拟写标题,一般要符合下列基本要求:

① 准确得体、恰如其分。标题应能准确地表达技术总结的特定内容,恰如其分地反映技术研究、技术攻关、技术革新的范围和达到的深度。不要使用过于笼统与泛指性很强的词汇和华丽的辞藻。它应是反映技术总结中最重要的内容,并是最恰当、最简明词语的逻辑组合。

② 简短精练、高度概括。标题要简短明了,避免冗长烦琐。标题一般控制在20字以内为宜。注意不应为了简短而流于笼统空泛。根据内容需要在不可简短的情况下,可以考虑加副标题,以引申主题,补充说明,这样既达到了表达要求,又简短明了而不烦琐冗长,并能使标题引人注目。

③ 外延和内涵要恰当。标题中所使用的各种概念应是统一的,要恰如其分地组合在一起。

(2) 摘要的写法

摘要是技术论文的重要组成部分。顾名思义,就是摘取技术论文中最重要的内容和结果,以补充标题的不足。技术论文摘要,又叫指示文摘或称简介,着重介绍技术论文所探讨的范围、技术研究的对象、结果和结论。编写技术摘要应注意以下几点:

① 短:行文要简短扼要,字数以300～400字为宜。

② 精:内容准确、精练,把技术论文的主要内容概括出来。

③ 完整:一篇摘要是一篇独立的短文,应结构严谨,逻辑性强,独立成篇。

④ 不加评论:只对技术论文的内容做真实的介绍。

摘要的写作,要做到叙述准确、内容具体、文字简练、表达明了,为此就必须字字推敲。在摘要写作中,要努力做到“六不”,即不列举例证,不谈分析过程,不作自我评价,不与别人工作相对比,不用图表,不同本文正文、前言或结论的语句雷同。

(3) 前言的写作

前言又可称作引言、绪言、绪论、引子,它是技术总结主体部分的开端。前言的作用是简要地说明技术总结背景、目的、范围、方法和解决实际技术问题的意义。

其中,背景是指这项技术研究在以前的开展情况,前人或近来已经做了哪些工作,现在还有哪些技术问题尚待解决;目的则回答为什么要进行技术攻关或技术革新;范围就是指技术攻关、技术革新所涉及的范围;方法则是指技术攻关或技术革新所采用的措施和办法;意义就是对取得结果后的自我评价。

前言的写作要求言简义明、条理清晰、容易理解。一般前言都比较短,大约300字。

(4) 正文的写法

正文是技术总结的主体,技术研究、技术攻关、技术革新的创新点,技术上的要点,操作诀窍主要在这一部分表达出来。它反映技术总结或技术论文解决技术问题所达到的技术水平、技术水准。简单地说,正文的水平决定了整个技术总结的水平。

技术总结正文的内容,包括解决技术问题的步骤、方法和结果;而技术论文则包括选择解决技术问题的原因、分析技术问题及解决技术问题和技术攻关的结果,并针对结果进行分析比较。

通常技术论文的具体内容可为三个部分:

① 理论分析

理论分析部分要对所研究的技术性问题假定,并对其合理性进行理论论证,即对于解决某个技术问题的方法或步骤,哪些是已知的,哪些是自己改进的或创新的;对于工艺路线或工艺方案,哪些是原有的,哪些是自己设计的或改进的;对工艺装备,哪些是原来的,哪些是自己改进或改造的,都应加以说明。

② 解决问题的关键点和解决技术问题的方案、步骤和方法。

这一部分要把解决问题的方法、步骤及程序加以介绍。

a. 自行设计、改进的新方法,编制的新工艺方案,新工艺路线,新操作,要点均应详细介绍,但要突出重点。如果是采用或移植他人的方法,只需说明方法的名称,并在右上角注出参考书目或文献的序号即可。

b. 对于通用设备,只需标注其规格型号即可,如果是新改制的设备,新设计后改装的电气线路图,则需给出主要结构并应详细说明测试方法及功能。

c. 新工艺方法采用的新材料、新的热处理方法、新的焊接工艺、新的结构件连接方式替代原有方式等的优势及要点。

以上三点的详细程度要尽量交代清楚,以同行能再现为准。如果该技术总结或技术论文准备公开发表,则凡涉及专利、专有及保密方面的内容,均应删除、不能泄露。因为发表的技术总结或技术论文既有学术上的馈赠性的一面,又有技术上专利性的一面。因此,凡涉及专利和保密的内容,可使用代号或轮廓图来表示。

③ 技术结果的分析比较

对于技术攻关、技术革新、技术研究所取得的结果应作出定性定量的分析,说明其必然性,并从结果中引出必然的和必要的结论和推论,同时需说明这些结论和推论所适用的范围。

对于技术结果,应尽量避免把所有的技术数据都抄在论文上,应通过适当的整理,绘制成简单的图或表列入文中。

许多技术论文还在此部分加上“讨论”一段。“讨论”部分是作者根据自己的技术结果发挥自己见解的部分,也就是说要对自己技术研究过程中的技术问题进行归纳、概括和探讨,寻找出内在的联系和客观规律,并进行理论上的论证。

(5) 结尾的写法

结尾是指技术总结正文之后的总结、结论、结语等。它是整个技术攻关、技术研究过程的结晶。写作时应注意以下几点:

① 本文的技术结果说明了什么问题,解决了什么技术问题。

② 对前人有关本技术问题的看法做了哪些检验,哪些与本研究结果相一致,哪些不一致,本文做了哪些修改、补充或发展。

③ 本次技术攻关、技术研究的不足之处或遗留未解决的问题,以及解决这些问题的想法和建议。

第二部分 铀浓缩生产设备真空工高级技师技能

第五章 真空试验

第一节 设计工作

学习目标：通过本部分的学习，使学员掌握真空系统组成、分类、设计条件、设计中应注意的问题等相关知识。

一、真空系统的组成

真空应用设备，都必须有获得真空的抽气系统。当泵把容器抽成真空时，容器上要有规管来测量，这就构成一个最简单的真空系统。

但它不是最理想的真空系统，因为这样的系统泵不能暂停，容器又不能在停泵后保持真空，所以要在管道中安装阀门(1)，如图 5-1 虚线所示。若容器的真空度用单个泵达不到要求时，需要串联高真空泵。通常要安装阀门(2)和阀门(3)，以便高真空泵能单独保持真空，如图 5-1 点画线所示。根据需要，还有在管道中安装捕集器、除尘器、真空继电器规头等。

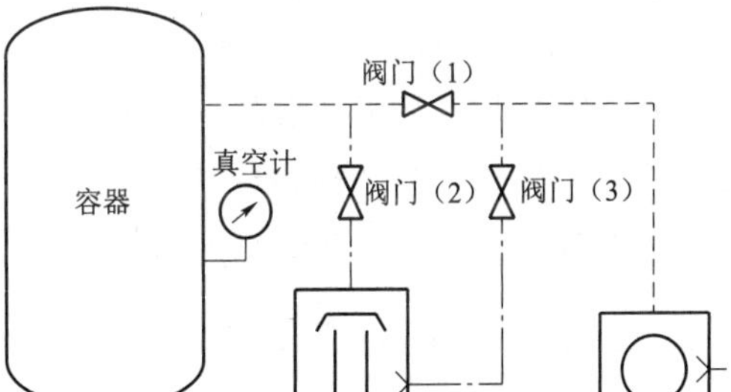

图 5-1 真空系统简图

凡是由两个以上真空泵串联组成的真空系统，通常都把抽低真空的泵叫做它上一级的高真空泵的前级泵，而最高一级的真空泵称为主泵，容器中的真空度就由主泵来决定。一个较完善的真空系统由下列组件组成：

1. 抽气设备：例如机械泵、增压泵、扩散泵等；
2. 真空测量与控制器件：例如各种真空规管、真空继电器规头等；
3. 真空阀门：例如低真空阀、高真空阀、放气阀等；
4. 导管：例如各种连接管、金属软管、橡胶软管等；
5. 捕集器：例如冷阱、水冷挡板等；

6. 其他组件:例如除尘器、干燥器等。

由此可见,真空系统就是用来获得并测量有特定要求的真空度的抽气系统。真空系统设计的内容,是根据被抽容器对真空的要求,选择适当的真空系统方案,进行选泵、配泵、确定导管、阀门、捕集器、规管等组件,进行合理配置,最后画出真空系统装配图和零部件图。

二、真空系统的分类

用于各种不同工艺过程的真空系统,其种类十分繁多。按真空系统抽气过程分类,有动态真空系统和静态真空系统。

动态真空系统是系统中有气流存在,系统中各处压强不等,系统的各截面有压强降落。凡是真空室或系统某处有放气或漏气的真空系统均属此类。

静态真空系统是系统中没有气体流动,系统内各部分的压强相等,而且长时间不变化。凡是真空室或管道内没有放气或漏气的真空系统均属此类。

当然,绝对没有漏气和放气的情况是不存在的。但是,在漏气和放气都非常小的情况下,系统中几乎没有气流就可以认为是静态真空系统。静态真空系统实质上是动态真空系统的一种特殊状态。任何一个真空系统达到其极限真空度时,就成了静态真空系统。所以严格来说,实际的真空系统都是动态的。

按真空系统的工作压强分类,有粗真空系统($10^5 \sim 10^3$ Pa);低真空系统($10^3 \sim 10^{-1}$ Pa);高真空系统($10^{-1} \sim 10^{-6}$ Pa);超高真空系统($10^{-6} \sim 10^{-11}$ Pa);极高真空系统(压强低于10^{-11} Pa)。

按真空系统的清洁度分类,有有油真空系统(真空室有油蒸气污染);无油真空系统(真空室无油蒸气污染)。

按被抽系统的结构材料分类,有玻璃真空系统(除机械真空泵外全由玻璃制成);金属真空系统(由金属结构材料和真空橡胶组成)。

把真空系统加以分类的目的,在于找出同类真空系统的特殊性。掌握了各种真空系统的特殊性,在设计、制造、装配和使用某种真空系统时,就能充分考虑到它的特殊性,这样就可以少出或者不出不切合其特点的毛病。

三、真空系统的各种型式

1. 粗真空系统

用水蒸气喷射泵或者用水环泵直接给真空室排气,组成了最简单的粗真空系统。

2. 低真空系统

用机械泵给真空室排气,即组成了简单的低真空系统。

3. 中真空系统

这种系统应用比较普遍,许多应用设备都采用该种系统。中真空系统一般由两个以上的泵串联组成。下面介绍几种系统:

(1) 油增压泵(主泵)串联机械泵(前级泵)的真空系统。该系统的工作压强范围为$1.33 \sim 1.33 \times 10^{-1}$ Pa($10^{-2} \sim 10^{-3}$ Torr)。其优点是抽气能力大,系统简单,振动小,工作稳定可靠,维修方便,成本低。缺点是预抽气时间长(同罗茨泵系统比较),因为在$1.33 \sim 133.3$ Pa

压强范围内，油增压泵和机械泵抽速都下降；工作中需要较贵重的增压泵油。

(2) 罗茨泵串联机械泵的真空系统。该系统的工作压强范围为 1.33～1 333 Pa(10^{-2}～10 Torr)。不但抽气能力大，而且启动快。预抽气时间短，因为在 1.33～101 325 Pa (10^{-2}～760 Torr)压强范围内，机械泵和罗茨泵最大抽速能很好连接上。缺点是工作时有振动，且噪声大，工作中随时间增加，罗茨泵性能下降，修理较困难。

(3) 罗茨泵串联小型罗茨泵(中间泵)，再串联机械泵的真空系统。其工作压强范围为 0.133～1 333 Pa(10^{-3}～10 Torr)。不但工作压强范围大，而且工作真空度高，同时具备了罗茨泵系统的特点。中间串联的小型罗茨泵减少了主罗茨泵对前级机械泵的依赖性，因为压缩比减小，加宽了工作压强范围和提高了极限真空度。

(4) 以油增压泵和罗茨泵为主泵，两个泵出口串联罗茨泵，再串联机械泵的真空系统。其工作压强范围为 0.133～1 333 Pa(10^{-3}～10 Torr)。该系统具有罗茨泵系统和油增压泵系统的双重特点。

(5) 除了以上几种之外，还有油增压泵串联罗茨泵，再串联机械泵的真空系统。还有罗茨泵串联水环泵的真空系统，它适合于排除灰尘较多的应用设备上。

4. 高真空系统

这种系统应用也比较广泛，它的工作压强范围在 6.67×10^{-2}～1.33×10^{-3} Pa(5×10^{-4}～10^{-5} Torr)。主要有以下几种：

(1) 扩散泵串联机械泵的真空系统。该系统一般用在工作时放气量较小的应用设备上。系统结构简单，工作可靠，成本低。缺点是系统起动慢，预抽时间长，扩散泵油蒸汽容易返流到真空室中去。

(2) 扩散泵串联油增压泵，再串联机械泵的真空系统。该系统起动慢。由于有中间油增压泵存在，故预抽气时间短些。

(3) 扩散泵串联罗茨泵，再串联机械泵的真空系统。它起动慢，但预抽时间短(因为中间有罗茨泵)。

5. 超高真空系统

由于原子能工业和火箭技术的发展，超高真空技术也得到迅速发展和应用。其系统有以下几种：

(1) 用扩散泵和钛泵并联为主泵，扩散泵单独串联前级机械泵的真空系统。它可以达到极限真空度为 1.33×10^{-6} Pa(10^{-8} Torr)。

(2) 由扩散泵串联扩散泵(中间泵)，再串联机械泵的真空系统。该系统的特点是能获得极高真空，并能稳定抽出所有气体。

(3) 主泵为分子泵串联机械泵的真空系统。该种超高真空系统，由于机械泵有油存在，需要在机械泵入口管道上设置捕集器冷凝油蒸气。如果分子泵串联分子筛吸附泵(前级泵)，则构成了无油超高真空系统，该系统比较清洁。

(4) 用钛泵作为主泵，并联或串联分子筛吸附泵(作为预真空泵)，构成无油超高真空系统。也可以用钛泵连接预真空机械泵，但此时机械泵的入口管道上要加油蒸气捕集器。

(5) 用低温泵作为主泵，串联或并联分子筛吸附泵(预真空泵)，构成无油超高真空系统。同样也可以用机械泵作为预真空泵，在机械泵的入口管道上设置油蒸气捕集器。

6. 真空机组

真空机组是由各种真空元件组合而成。它是不带真空室的排气系统,其结构紧凑,占地面积小。目前国产机组有油扩散泵机组,油增压泵机组和罗茨泵机组。机组名称以主泵命名。

高真空机组工作真空度为 $6.67\times10^{-2}\sim1.33\times10^{-3}$ Pa($5\times10^{-4}\sim10^{-5}$ Torr)。其极限真空度为 1.33×10^{-4} Pa(10^{-6} Torr)。它是由油扩散泵、机械泵、高真空阀门、捕集器、储气罐、低真空截止阀、放气阀及管道,还有电气控制盘、水压继电器等元件组成。

中真空罗茨泵机组其工作真空度为 $1.33\sim1.33\times10^{3}$ Pa($10^{-2}\sim10$ Torr)。其极限真空度为 1.33×10^{-1} Pa(1×10^{-3} Torr)。其他元件与油增压泵机组相同。真空机组已经系列化,有专门厂家在生产。

四、真空系统设计的条件

在真空系统设计时,一般要把真空室作为已知的被抽容器,然后选出适用的排气系统。

1. 真空室的已知参数

真空室的已知参数有:真空室的体积;放气的表面积;真空室的漏气;工作真空度;极限真空度和抽气时间(指预抽时间和达到极限真空的时间)等。

2. 真空室内的气源情况

(1) 真空室内的气体组成。

(2) 真空室内的表面放气(表面解吸气体)情况,它与结构材料、温度、压强和抽气时间有关系。

(3) 漏气,主要是通过真空室的动密封处和静密封处的漏气。

(4) 真空室内耐火保温材料的放气,这种放气往往同体积有关。

(5) 工艺过程中被处理材料放出的气体,它是真空系统排气的主要负荷。

3. 真空室内的特殊要求

有些真空室要有特殊的要求,例如在工艺过程中是否产生灰尘、金属喷溅、爆炸、腐蚀性气体和水蒸气等。真空室内是否要求无油、无振动等都要提出来,以便在设计真空系统时考虑。

五、真空系统设计的程序

1. 真空室内总放气量的计算;

2. 确定真空室的有效抽速;

3. 粗选主泵和粗配前级真空泵;

4. 根据要求选择阀门、捕集器、除尘器等真空组件;

5. 绘制真空系统装配草图,确定各个部分的尺寸;

6. 选配真空泵,使其满足给定的参数要求。如果达不到要求,就重新选泵和配泵,直到满足各参数要求为止;

7. 绘制真空系统装配结构图,尺寸要准确;

8. 拆零件图,绘制施工图纸。

这八条设计步骤是非标准设计不可缺少的。随着真空设备的不断发展,各种新型的真空机组不断出现,各种真空组件也逐渐标准化,真空系统设计过程也逐步简化。

六、真空系统设计中应该注意的问题

1. 真空元件,如阀门、捕集器、除尘器和真空泵等相互连接时,应尽量做到抽气管路短,管道流导大,导管直径一般不小于泵口直径,这是系统设计的一条重要的原则。

2. 要防止机械泵振动波及整个系统,通常用软管减振。软管有金属和非金属两种,不论采用哪种软管要保证在大气压力作用下不被压瘪。

3. 真空系统建成后,应便于测量和检漏。生产实际告诉我们,真空系统在工作过程中,经常容易出现漏气而影响生产。为了迅速找到漏孔,要进行分段检漏。因此,每一个用阀门封闭的区间,至少有一个测量点,以便测量和检漏。

4. 真空系统中配置的阀门和管道,应使系统抽气时间短,使用方便,安全可靠。

在蒸汽流泵作为主泵(扩散泵或油增压泵)和机械泵作为前级泵的系统上,除了有前级管道(蒸汽流泵串联机械泵的管道)外,还应有一个预真空管道(真空室直通机械泵的管道)。

在真空室和主泵之间设有高真空阀门(也称主阀),在前级管道上设有前级管道阀(也叫低真空阀),在预真空管道上设置预真空管道阀(称低真空阀),通常不能在阀的一端为真空状态,而阀的另一端为大气压状态下打开阀门,这要通过电气联锁保证安全。

在真空室上设置放气阀门,给装料和取料时用。该阀设置的位置要考虑到放气时,要防止因气体冲力过大而破坏真空室内的薄弱构件。放气阀的大小与真空室的体积有关,要考虑放气时间不能太长,以避免影响工作。

5. 测量真空度的规管位置应设置在主泵入口管道上,而且要上下直立,不要横放。

6. 真空系统的设计应保证排气稳定可靠,安装、拆卸、维修容易,操作方便,各元件间的连接有互换性。为了达到工作中排气稳定,要求主泵性能稳定,各阀门运转灵活,密封可靠。系统中各元件的接头不漏气,真空室密封性能好,各真空元件连接采用标准尺寸,保证有互换性。在真空系统设计中,原则上讲,每一个密封管路尺寸应有一个可调尺寸。这个可调尺寸在过去设计中,都采用软管来解决,现在设计系统时,多数不采用软管。而采用提高真空元件加工尺寸精度和利用连接法兰上的密封橡胶圈来解决安装误差,这样可以提高系统强度和刚度,减少用于系统上的支架。

7. 真空系统设计中要采用新技术,做到自动控制和联锁保护。随着真空技术的发展,要求在整个抽气过程中能够进行自动操作,如采用真空继电器控制罗茨泵在 1.3 kPa 压强下启动工作。采用水压继电器控制蒸汽流泵的水压在某一个压力上,当水压不足或断水时,能够立即断电并发出警报,防止泵被烧坏。对于复杂真空系统,现在开始采用计算机程序控制,更加安全可靠。

8. 真空系统设计中要求做到节省能源,降低成本,使用方便可靠。

第二节 解决技术问题

学习目标:通过本部分的学习,使学员掌握检漏工作需解决的技术问题等相关知识。

一、在各个阶段要考虑的检漏工作

在真空工作中,为满足不同用途而制造的某些真空设备,其结构复杂,有的体积很大,其焊缝、密封圈等密封点众多,如果等到安装时再考虑检漏问题就会给检漏工作带来很大困难。因此,应该从设备开始设计到加工、安装调试以及运行维修等各个阶段都要考虑检漏工作。

1. 在设计阶段应考虑的检漏问题

(1) 合理规定真空设备及各零、部件的最大允许漏率。

(2) 要考虑加工、安装、运行阶段,对零、部件(或设备)采用哪种检漏仪器和方法。

(3) 设计中要避免"寄生空间"的存在。

(4) 工艺设计要合理。

2. 加工过程中应考虑的检漏问题

(1) 焊接件的检漏:焊缝是否需要检漏,应根据焊接质量和设备的最大允许漏率来确定。检漏是在加工过程中进行还是在总装以后进行,需视具体情况而定。

(2) 其他加工件的检漏:对表面和内部有缺陷(夹渣、气孔、裂纹)的金属板材和管材弯曲后可能出现的裂纹,必须进行检漏。

3. 安装调试阶段应考虑的检漏问题

(1) 经过检漏的零、部件如受到较大机械冲击或振动,需在总装前再次进行检漏。

(2) 根据安装顺序按步骤进行检漏。

(3) 对经过再次加工过的零、部件要重新进行检漏。

(4) 安装后首先对密封圈等动点部位进行检漏,其次做总体静态升压试验,测量其总漏率是否满足要求。

(5) 对于需进行烘烤或加冷却剂的部件,必须经过冷、热冲击试验后再进行检漏。

4. 运行维修时要考虑的检漏工作

(1) 对打开或更换部件的设备,重装后要重新进行检漏。

(2) 经过运转的设备,如发现真空度变坏,应考虑重新检漏。

二、检漏工作人员与检漏实验室(车间)

1. 检漏工作人员

对检漏人员的要求是:

(1) 要具有一定的真空技术知识,熟悉各种检漏方法和仪器的原理、灵敏度、优缺点、适用范围等。

(2) 能熟练的调整仪器,使仪器处于最佳工作状态。

(3) 具有一定的工艺知识。

(4) 具有一定的电子线路方面的知识。

2. 检漏实验室(车间)

(1) 应有专职的检漏工作人员。

(2) 要有一个宽敞的专用房间,房间采光要好并具有良好的通风设备。

(3) 依据所检设备的特点,配备各种不同的检漏仪器。

三、如何进行检漏

一般的检漏步骤如下:

(1) 查看图纸,了解对总漏率、分布漏量的要求。了解被检零部件和设备的结构与材料,了解加工工艺、装配过程和使用要求。查明需要检漏的部位、有无死空间等。

(2) 根据提出的最大允许漏率以及是否需要确定漏孔位置等要求,选择检漏仪器和方法,准备辅助设备,并拟定检漏程序。

(3) 对被检件进行清洁处理。

(4) 对检漏仪器和方法进行校准。

(5) 真空检漏时,为提高仪器灵敏度,应将被检件抽空到较高的真空度。

(6) 先检大漏(为节省氦气,尽量使用低浓度的氦气)再检较小漏孔。

(7) 检出的漏孔要经过复检。

第六章　设备维护

第一节　设备维护保养

学习目标：通过本部分的学习，使学员掌握设备和专用工器具日常保养等相关知识。

一、设备的维护保养

机械设备在长时间的运行过程中，由于零部件之间相对运动的摩擦，会使零部件发生自然的磨损、锈蚀、老化变质等，所有这些都会使机械设备的技术状况逐渐劣化，性能逐渐下降，经济性、安全性、可靠性降低，并成为设备隐患，导致发生运转故障，因此，必须根据设备技术状况变化的规律，在零部件的磨损和损伤未达到引发故障的极限之前进行必要的保养。

1. 日常保养

日常保养又称例行保养或运行维护保养。日常保养作业在运行班内或在班前、班后的交接班时间内进行，应对设备进行日常的清洁、检查、紧固、润滑、调整、防腐和更换一些易损件，由操作人员执行，目的是提高设备的完好率和利用率。具体包括以下几个方面：

（1）机器周围地面的清洁。机器周围随时清理整洁干净，地面不应有油污、水或掉落地上的物料或产品，生产中所造成的废品应集中，并快速处理。

（2）机器表面擦拭清洁。机器是否保养得好，第一个看到的就是机器表面是否经常保持干净，工具是否按规定摆放，机器表面是否摆放不该摆放的物品。

（3）加油润滑。润滑油或冷却液的种类很多，需按照规定添加，并经常检查油路是否畅通。

（4）上紧紧固件。机器操作过程中，是否有异声或振动，经常性检查上紧紧固件。

（5）更换或调整皮带。检查皮带是否松动或呈劣化，调整或更换皮带。

（6）机器安全装置是否完整。

2. 定期分级保养

定期分级保养的级别是按执行保养作业的时间间隔周期与作业的广度和深度划分的。低级保养的间隔周期短、作业广度小、深度浅，高级保养的间隔周期长、作业广度大，深度深。由于不同行业的生产工艺、生产过程不同，对定期分级保养制度在执行上有较大差异。例如，汽车运输行业实行三级保养制；机械制造行业的三级保养列入了日常保养一级，实行的是日常保养、一级保养、二级保养。

二、设备和工器具的检查

设备检查是对设备的运行情况、工作精度、磨损程度进行检查和校验。设备点检是指为了准确掌握设备所规定的机能，按预先规定的标准，通过人的五官和运用检测手段，对设备规定的部位进行有无异常的检查，使设备的异常和劣化能够早期发现、早期预防、早期“治疗”。这是一种先进的设备维护管理方法，其指导思想是推行全员和全面设备管理，以“预知维修制”取代“预防维修制”。设备点检中的“点”是指设备的关键部位。通过点检，目的就是要能够及时发现设备异常、缺陷和隐患，以防因突发故障而影响生产和使生产质量下降、维修费用和运转费用增加，影响安全，降低设备的使用寿命等，将故障可能造成的损失控制在最小范围。

设备点检的主要内容：

1. 日常检查。日常检查由操作人员（或专职点检人员）根据规定标准，针对设备的关键部位，了解运行是否正常，并对设备进行必要的清洁、润滑、紧固和调整，并将检查结果记入标准的日常点检卡或表中。

2. 定期检查。定期检查由维修人员（或专职点检员）凭五官和专门检测工具，定期对设备的技术状况进行全面检查和测定，测定设备的精度和性能以及设备的劣化程度，查明不能正常工作的原因，并记录下次检修时应消除的缺陷。定期检查内容比较复杂，一般需停机进行，且时间较长，所以，主要对象是重点生产设备。并且要注意，定期点检的计划要与生产计划相互协调。其周期一般可分为周、月、季度、半年、一年等。

3. 专项检查。专项检查是由专职维修人员（含工程技术人员）针对特定的项目进行的定期或不定期的检查测定。

第二节 工艺改进

学习目标：通过本部分的学习，使学员掌握真空泵、检漏仪选用及对工艺流程提出改进建议等相关知识。

检漏仪选用请参阅初中高级教材第三章第三节、第七章第一节内容；真空泵选用请参阅第二章第二节内容。

工艺流程指工业品生产中，从原料到制成成品各项工序安排的程序。由于生产原料、后续生产的相关需要、生产的经济性等因素是不断变化的，所以在生产过程中，无论工艺的成熟程度有多高，为适应上述因素的变化均须对工艺流程、系统的运行方式进行不断的调整和改进。这些调整和改进的及时与否、是否适当，决定了一个生产系统对外界影响因素的适应能力，进而决定了一个企业在社会生产活动中的存在质量。

工艺流程改进往往伴随着设备的增减、物料在设备中通过顺序的调整。而运行方式的改进则一般不会有较大的设备变化。打个不太恰当的比方：列车提速就像工艺流程改进，加开临时列车就像运行方式的改进。所以，运行方式的改进的效果和作用是短期的、临时的、灵活的。工艺流程改进的效果和作用是长期的、稳定的。

在提出进行工艺流程或运行方式改进建议时，要明确所需解决的问题的时效性有多长，企业为此可以承受的代价有多大；一般情况下，建议优先考虑一次性成本较低的运行方式改进。

第七章　培训指导

第一节　指导操作

学习目标：通过本部分的学习，使学员掌握如何指导初、中、高级、技师人员进行实际操作和传授操作技能与诀窍等相关知识。

一、如何指导初、中、高级、技师人员进行实际操作

对初级工理论培训的教学重点是：真空技术基础知识、安全辐射防护的基础知识和安全生产法与保密法的讲解，质量管理目标和工作职责宣贯，牢记水、电、汽、气、液氮的安全使用、急救和劳动保护方法。

对中级工理论培训的教学重点是：真空专业基础知识、安全生产与环境保护知识、质量标准与相关的法律、法规知识。讲解辐射防护基础知识、安全用电知识、化学品的辨识与安全使用、岗位设备检查与使用知识。

对高级工理论培训的教学重点是：真空专业基础知识、安全生产与环境保护知识、质量标准和相关的法律、法规知识。讲解辐射防护基础知识、安全用电知识、危化品特性及伤害急救知识、关键设备检查与使用知识。

对技师理论培训的教学重点是：真空设备与装置原理、相关标准、专用设备运行检查与维护知识。

二、传授操作技能与诀窍

要进行操作技能与技术诀窍的传授，首先需要总结日常工作中的经验，并将其精炼、提高为可以用于传授的语言或文字性的总结。要达到这一要求就需要经常性的练习撰写技术总结和论文。下面，具体介绍如何撰写技术总结和技术论文。

1. 技术总结与技术论文的区别

技术总结与技术论文的内容和形式上有相同点，但也有不同之处。它们的相同点在于都是技术性文章，阐述的内容都是反映技术研究、技术攻关、技术革新方面的，都有描述事实的性质。它们的不同点是：

（1）技术总结侧重于叙述技术研究、技术攻关和技术革新的事实和结果，而技术论文则侧重于解释技术性的问题，并针对技术攻关、技术革新中的疑难点、问题从技术上进行学术探讨。

（2）在内容程度上技术总结是以叙述技术研究、技术攻关、技术革新、操作程序、工艺方法、改造流程及总结成败经验教训为主；而技术论文则是记叙、论证技术研究、技术攻关、技术革新中有创造性的部分。

（3）在文章体裁上，技术总结属于说明文类的文体，技术论文则属于论说性文体。

2. 选题

选题是写好技术总结、技术论文的前提,也可以说是技术总结、技术论文成败的关键。因此,选题时应遵循以下几个基本原则:

(1) 题目要选得具体、明确,既不能琐碎,也不能孤立;让人读后能明白,不产生歧义。

(2) 选题难度要适中,即在选题范围上,宜窄不宜宽;在选题内容上,宜小不宜大;在选题深度上,宜深不宜浅。

(3) 选题时要注意扬长避短,力求与自己所从事的生产实践相对口,并尽量选择能充分展示自己技术特长的项目。

(4) 最好是选择本工种专业前人没有尝试过或者前人虽已做过,但尚不完全或有谬误的项目。

(5) 努力从本专业工种出发,着重选择能为本企业、本公司、本集团创造经济效益和有实用价值的项目。

第二节　理论培训

学习目标:通过本部分的学习,使学员掌握培训教材编写方法及计算机辅助教学工具使用等相关知识。

一、培训教材的编写方法

1. 培训教材编写概述

教材是传授知识,培训技能、能力的主要依据,也是考核学员学习成绩的重要标准。编好以提高从业人员履行岗位职责能力为目标的培训教材,是开展培训的基础工作。它将直接关系到岗位培训教学目标的实现、教学任务的完成及培训质量高低。因此,加强具有岗位培训特色的教材体系的开发和建设,对提高培训质量和推动培训工作的深入发展具有关键性作用。

编写教材应遵循的主要原则:

(1) 以岗位规范、职业标准和工作需要为依据的原则

岗位规范(或岗位标准、工人技术等级标准等)是编写岗位培训教材的主要依据。教材内容应按照“规范”或“标准”所规定的原则和范围确定,要以实现岗位任职资格为目标。教材编写要按职业分类,标准、教材、命题、考核的运作程序,严格遵照职业标准。原则上,教材内容应完全涵盖相关行业职业标准要求。

(2) 贯彻以培养工作能力和生产技能为重点的原则

岗位培训是对从业人员进行的以履行岗位职责和任务为目标,以提高本职工作能力和生产技能为重点的定向培训。岗位能力的培训应贯穿到教材内容的选择中。教材中对理论知识的安排要满足和服从岗位技能(能力)的实际需要。根据岗位要求,确定操作技能和心智技能,根据岗位技能(能力)确定必备的专业理论知识,并将知识的传授与能力的培训紧密结合,合理组合。要坚持为提高操作技能和分析处理生产、工作实际问题的能力而服务的原则。

(3) 规范性和灵活性相统一的原则

编写教材要符合规范,达到标准。教材中的技能训练和专业知识应达到国家、行业、企事业单位规定的标准。教材的编排形式结构要规格统一,在使用的语言方面,要做到规范化,重视教材的科学性。由于学员的学习条件、学习方式不同,学员对象层次和需求不同,教材应适应成人学习的特点。教材内容、顺序可根据岗位和培训对象的需要,进行分解和调节,使教材具有灵活性和弹性。

(4) 坚持实际、实用、实效的原则

要立足于行业、地区及基层单位(如:技术装备、产品结构、生产工艺、管理水平、人员素质)的实际,使教材适用于使用对象,内容难易适度。要从实际出发,使教材具有针对性、实用性和可操作性,切实体现按需施教、学用一致、注重实效。也就是说,选择的教学内容必须是学员所需要的、常用的。这一点不但与实现教学目标有关,而且与调动学员的学习积极性有关。学员学习积极的高低与教学内容的实用性是成正比的,与教学效果也是成正比的。教学内容符合学员的交际需要。就可以激发他们学习的积极性;他们在课堂上学到的内容能够在课外及时应用,就能在应用中得到巩固。

(5) 科学性原则

所谓科学性,就是教学内容的编排要由简单到复杂;深浅程度和数量要适合于多数人的接受程度,不应过深、过浅或有深浅程度跳跃的现象;练习的内容和方式要与教学内容、教学目的和课型的特点相一致;要跟配套教材和相关课型的教材建立起科学的横向联系;有关的文字说明要简明扼要;如果有外文译释,要讲究译文的可接受性;等等。

2. 教材编写的基本要求

(1) 编审教材的基本要求

① 凡自编教材应依据本门课程在专业教学计划中的地位和作用来编写,内容要符合教学大纲的基本要求,符合教学规律,注意教材的思想性、科学性、启发性、先进性和适用性。

② 编写教材必须贯彻理论与实际相结合的原则,以利于培养学员分析问题和解决问题的能力。

③ 编写教材必须贯彻“少而精”的原则,要认真精选内容,做到主次分明,详略得当。

④ 编写教材必须注意总结教学经验,体现循序渐进的原则,要注意由浅入深、由易到难,由简到繁,对于教材中的关键、难点、重点,尤其要阐述透彻。

⑤ 教材内容的安排必须与有关课程密切配合,适当分工,避免互相脱节和不必要的重复。

⑥ 凡接受上级有关主管部门教材建设小组聘请的教材审稿人,应按要求及时认真对书稿进行审阅,写出公正的审稿评语。

(2) 编审实践类教材的基本要求

① 实践类教材应该符合教学大纲的要求,具有相应的科学水平,注意反映现代化的操作技术。

② 实践类教材应该具有专业性。选编的实践类型应具有针对性,以适应本专业的教学要求。同时,要有充分数量的基本操作。

③ 所有的实践类教材,必须是经过验证的,要做到条件充分,数据正确。

④ 实践类教材的每个项目都应该规定目的、仪器设备、方法步骤和对结果的要求,但是

必须是详略得当，富于启发性，以利于培养学员的独立工作能力。

(3) 编审习题集的基本要求

① 习题的安排必须根据教学大纲的基本要求，与教材密切配合，相辅相成。既可以单独编写习题集，也可以编在教材内。

② 习题集应该具有相应的科学水平。选编的习题，必须是经过验算的，要做到条件充分，数据正确。在选题和编排上，应该由易到难，步步深入，层次分明。

③ 习题集应该具有比较广泛的适应性。习题的类型应该比较齐全，在同一类型的题目中，既要有充分数量的基本题目，也要安排一定数量的比较复杂的题目。

3. 培训教材结构与内容要求

(1) 教材结构及内容要求

教材《×××××(基础知识)》分为若干章，章下设若干节，层次为"章、节、一．、1．、(1)、① "等标题。

基础知识内容原则上是指要求从业人员在从事该职业工作时，必须掌握的与各个级别要求掌握程度一致、无等级差别的知识内容。基础知识内容的编写以本职业初级工标准规定的职业条件和鉴定申报条件为编写起点，终点为该职业初级相关知识要求之前。

《×××××(基础知识)》章节名称原则上应与相应行业职业标准"基本要求"中的项目相对应，同时也要充分考虑作为培训用书各章节之间内容的均衡性。

(2) 各级别教材结构及内容要求

① 各级别教材结构设置

各级别教材中分为若干单元，单元下设若干课题，课题下设若干模块。

原则上，各级别教材单元的名称对应于相应行业职业标准"工作要求"中相应级别的"职业功能"；单元下课题的名称对应于相应行业职业标准"工作要求"中相应级别的"工作内容"；课题下模块的内容分别对应于相应"工作要求"下的"技能要求"和"相关知识"，如果某行业职业标准中一项工作内容只包括一项技能要求，则不设模块这一层次。图 7-1 为教材设置例图。

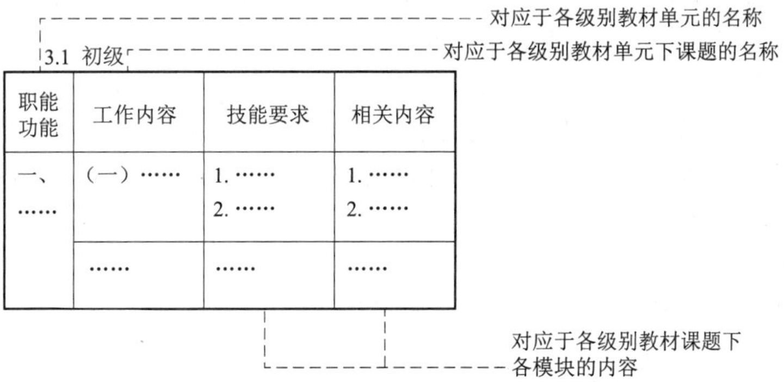

图 7-1　教材设置例图

每个单元后配有思考题。思考题的题型统一以问答题的形式出现；思考题的题量控制在每章 5～10 题。思考题可涉及本章重点、难点内容，主要作用在于帮助读者更好地理解本章内容。

② 各级别教材内容编写要求

a. 内容应完全覆盖相应行业职业标准要求的所有知识点和技能点，知识内容的编写以满足技能需要为前提。

b. 内容上要求知识讲解与技能操作兼备，并以相应级别应掌握的操作技能为核心进行编写。

c. 操作技能内容强调实用性、可操作性和可考性。

d. 遵循高级别涵盖低级别原则，即在编写高级别教材内容时应将低级别内容作为已知条件。

e. 教材各级别间的内容应尽量避免简单重复。

f. 教材结构安排应以培训规律为基础。

③ 单元内容设置要求

每个学习单元主要包括以下 4 项主体内容：

a. 学习目标

通过本学习单元的培训，要达到相应行业职业标准要求的目标。即教材服务对象应该达到的知识水平目标和操作技能水平目标。学习目标内容应用简短、精练的语言做提纲式的描述。

b. 知识要求

在编写知识要求时，原则上必须完全涵盖相应行业职业标准中所有的知识点，不得遗漏。该部分内容服务于本学习单元的“技能要求”，必须保证与本单元“技能要求”部分内容对应。

c. 技能要求(或能力要求)

对于技术技能型职业来说，每一项技能一般应包含操作名称、操作准备、操作步骤、注意事项 4 个部分；对于知识技能型职业来说，每一项能力一般应包括工作名称、工作准备、工作程序、注意事项 4 个部分。

操作名称(工作名称)：需要完成的操作技能或工作项目的名称。

操作准备(工作准备)：为进行该操作之前的设备、场地、工具、用品用具准备等内容。

操作步骤(工作程序)：为分步骤详述操作过程或工作流程。

注意事项：是指完成本项操作或工作，需要特别注意的内容。主要包括操作技巧、特殊材料的特殊处理工艺等其他需要说明的问题。

以上 4 部分技能要求内容中，操作步骤(工作程序)为必写项，是教材编写重点；其他为选写项，可视具体情况酌定。

d. 正文内容

正文层次为“课题、模块、一．、1．、(1)、① ”等。

4. 培训教材书稿要求

(1) 书稿编写依据

① 根据相应行业的职业标准。

② 修改审定后的编写大纲。教材编写要严格依据大纲进行，如在编写教材过程中发现大纲有缺陷，可以进行弥补，但要及时与主编、主审沟通，经同意后方可进行修改。

（2）书稿内容总体要求

① 政治性

书稿的内容不得有政治性错误，应符合党和国家的各项方针、政策、法律、法规；不得泄露国家机密。

② 科学性

所编写的内容要符合客观规律，引用的资料、数据、引语必须准确可靠，任何模棱两可、仍存在较大争议的观点、论据、公式、数据等均不得作为教材内容。

③ 先进性

内容紧跟时代潮流，体现先进性，要摒弃那些陈旧、过时甚至已经被淘汰的技术、设备和材料，充分反映企业技术改造与升级后的新技术、新工艺、新材料和新设备，在技术上要具有一定的超前性。

④ 实用性

a. 涵盖相应行业职业标准所有的要求，内容准确，各等级之间衔接合理，避免重复、遗漏，防止过多、过难、过深。

b. 尽量使内容的组织编排易于读者接受、便于读者学习，切忌“大而全”。

c. 内容详略要从职业实际出发，根据相应行业职业标准中比重表的配分来安排教材的篇幅。

d. 内容要精练，以阐述结论性的⑦ ⑧ 内容为主。表达力求简明、精练、逻辑性强，合乎汉语语法习惯，易读易懂。

⑤ 准确性

基本概念表述、原理阐述、数学运算正确；科学事实和社会现象描述清楚、准确，引用数据、图表、材料可靠。

⑥ 原创性

原创性即自身的创造性。注意教材是编而不是著，教材编写过程中可以引用他人的资料、数据，但是应进行必要的技术处理。不得剽窃、抄袭他人著作。编写水平的高低主要体现在如何搜集有用资料，并将搜集到的资料有机整合，服务于教材的编写。引用资料主要注意以下几点：

a. 通过自身的叙述方式引用资料。

b. 引用资料不能过于集中，不能无改动地照抄照搬他人作品。

c. 注意引用最新的资料，尤其是法律法规和标准规范。

d. 若书稿中必须引用其他作品内容，应征得原著作权人的书面授权，并在书稿最后附参考文献。

⑦ 适用性

教材取材合理，分量合适，符合“少而精”原则；深浅适度，符合读者的实际水平；与相邻教材相互衔接，避免不必要的交叉重复。

⑧ 灵活性

体现教学内容弹性化，教学要求层次化，教材结构模块化；有利于按需施教，因材施教。

(3) 书稿文字及图稿水平要求

① 结构层次

书稿章、节、目各级层次应安排合理,脉络清楚,详略有致。

② 语言表达

语句要通顺,文字要简练,概念要正确,用词造句要准确,术语要统一,前后要呼应。注意使用示意图及归纳表格以辅助表述,做到宜图则图,宜表则表,以达到简明清晰之目的。

③ 文字表述

书稿的文字表述应规范、准确、精练,力求语言流畅,无病句,无错别字,标点符号使用得当。注意应使用书面语言,避免使用地方方言、土语及口语化,叙述要客观,尽量不要出现第一人称和第二人称(如:你、你们、我、我们等)。文字要规范,一律采用《现代汉语词典》(商务印书馆出版)的简化汉字,不用繁体字、异体字,避免错别字。

④ 插图选配

书稿中的插图选配要适当,设计绘制要准确精细,力求得体美观;插图中的图形符号及标注要符合相关制图标准。

(4) 书稿编写技术要求

① 书稿正文的层次编排要求

教材标题层次的安排要注意符合逻辑,相同层次上只能是并列关系,不能出现交叉或包容的关系,上一层次标题要包含下一层次内容。

② 名词术语使用要求

书稿中应尽可能地采用全国自然科学名词审定委员会公布的和现行国家标准、行业标准中规定的名词术语。无标准时,应采用各学科或行业中专业通用的名词术语。不得使用已过时作废的标准、规范,切忌使用工程习惯简语,注意用词、用字的规范化。

全书名词术语必须统一。对一些特殊的名词术语或新名词应加以标注。

③ 技术标准使用要求

书稿内容涉及相应行业职业标准时,以最新颁布标准为准。禁止沿用旧的行业标准,或已有行业职业标准却沿用地方标准及企业标准。如教材多处沿用旧的职业标准,则视作书稿编写不合格,将退回作者重新修改。

④ 标点符号使用要求

书稿中的标点的使用遵照国家标准《标点符号用法》(GB/T 15834—2011)。

a. 凡不宜使用顿号、分号和冒号的地方,可以使用逗号。

b. 顿号内不能含逗号及分号。

c. 分号之内不得有句号。

d. 冒号之后不要再用冒号。

⑤ 外文字母使用要求

外文一般有英文字母、拉丁字母、希腊字母,它有文种、大小写和正斜体之分,易产生误解,应打印清楚。外文字母的正斜体和上、下角必须书写清楚,一律使用仿印刷体书写。代表数量、单位、物质类别、缩写等的外文字母,请注明排印字体。有特殊要求的须用铅笔注明大、小写,注明英、希、俄、日等外文语种。

⑥ 数字的使用要求

数字的使用按照中华人民共和国国家标准《出版物上数字用法的规定》(GB/T 15835—2011)执行。

a. 凡是可以使用阿拉伯数字，以及表示具体数据的地方，应尽量使用阿拉伯数字。

b. 凡是涉及计算、计量与统计的数字，带有计量单位的量值，必须使用阿拉伯数字。

⑦ 计量单位使用要求

常用物理量的计量单位应严格按照《量和单位》(GB 3100—1993)的规定采用我国法定计量单位，如属于行业习惯必须使用非国际单位制的计量单位时，例如调酒师教材中的盎司(oz)，则要在第一次使用时注明使用原因及其与国际单位制单位的换算关系。

书稿中计量单位的用法要统一。常用物理量的计量单位在公式、图、表中一律使用相应国际单位制的外文字母表示(如克用 g 表示，米用 m 表示)，自然科学类的教材正文中要求使用外文字母，社会科学类的教材或第三产业类的教材在正文中可以遵照习惯使用中文表示。

⑧ 公式使用要求

公式一般另行居中，公式末不加标点。公式较长需要转行时最好在"等号"后转行，若不能在等号后转行则须在"＋""－"等运算符号后转行，转行时运算符号不得重复使用。

对于需要引用的或重要的公式可以编号，一般情况不要求对公式编号。公式序号按章编排，公式序号用圆括号括起，放在公式右边行末。文中引述公式时，使用"见式(×-×)"的叙述方式。

⑨ 例题、案例使用要求

教材中应该多使用示例、实例来强化学员实际的操作和应用能力。

例题、案例表述方式统一，在工科类教材中使用【例 1-1】的称谓，其中 1-1 中前一个 1 为章序号，后一个 1 为在本章中的第一个例题。实例字体为五号仿宋体。

在管理类教材中使用【案例 1-1】的称谓，【案例】要有案例名。其中 1-1 中前一个 1 为章序号，后一个 1 为在本章中的第一个案例。案例字体为五号仿宋体。

⑩ 插图使用要求

a. 书稿中的图一般分为照片图、自绘图和复印图。

对于照片图，应提供原版照片或电子图档，照片图精度要求至少能够达到 500 万像素。

对于自绘图，要求绘制规范，符合制图有关国家标准；线条清晰、粗细均匀；图中各部分大小比例适当，图中的文字及标注要齐备、清楚，标注的指引线起止点要准确；线条与文字不得有重叠。

对于复印图，要适当放大复印，复印后应仔细核对，认真取舍，对于书稿编写不需要的图形、标注等要用涂改液涂抹掉；对于书稿需要、原图中未标注的要加注相关内容；原图中不符合最新标准的图形及符号，要严格按最新标准进行修改；原图中不清晰、不完全的部分要仔细描绘清晰完整。

b. 书稿中的插图涉及有人物肖像的图片时，要取得肖像人的书面授权。

c. 书稿中的每一幅图应包括图号、图名、图形 3 部分，如一幅图分为 a)、b)、c)等几个分图，要加分图名；如果都需要加图注，要将分图从左至右按顺序接排图注序号，图注文字应放于正文图名下方。

d. 书稿中的图应按章连续编号,如第 4 章第 3 幅图,图号为“图 4-3”。

e. 书稿中的图与文必须相呼应,应按照先见文、后见图的原则,在正文的适当位置以“如图×-×所示”对图进行引导,图紧接其后。

f. 书稿中的图应一式两份,一份粘贴成册形成图册,另一份贴于正文相应位置。如果准备两份图确实有困难,正文中可以不放图,但在正文中应留出图位并画出图框。图框不论图大小一律通栏占 5 行,且相应的图号、图名及所有图注在正文中都要标示清楚。

g. 对于计算机屏幕截图应注意以下几点:

CAD 类的作图截图,应把底色设置成白色,线条设置成黑色,然后再截取。

要截取真实的操作状态,并注意与正文所述软件版本保持一致,尽量不要使用其他电子文档(如网页)中的图片。

截图时要有针对性,例如,如果只需要关注一个对话框,则只截取这个对话框即可,而不必截取全屏。

截图后,应先保存为单个图片文件,格式为 TIFF 或 BMP,然后再插入正文的 Word 文档中,交稿时将 TIFF 或 BMP 格式文件一并交来。

如要在计算机截图上加注符号或文字,则应提供 2 幅图,1 幅是未加标注的原图,供排版使用;另 1 幅是加标注后的草图,插入正文中,供编辑使用。

图稿能与正文配合,直观、形象地表达内容。插图必须按章节编号,不得重号和跳号(表中图应独立编号)。图一定要有图名与图号。图号和图名写在图位矩形框的下方,图中标注应按顺时针方向排列。

⑪ 表格使用要求

a. 书稿中的表格应设计科学、合理。一般采用横表头,且表头的每一栏都应填入相应的内容,不得缺省。

b. 书稿中的表格应按章连续编号,如第 1 章第 3 个表,表号为“表 1-3”。

c. 书稿中的表格应与文相呼应,按先见文、后见表的原则,在正文的适当位置以“见表×-×”对表格进行引导,表格紧接其后。

d. 书稿中的表格一般应有确切、精练的表名。

e. 书稿中表格的内容要与正文有紧密联系,表中数字、百分比等资料要仔细核对,并与正文相对应。

⑫ 参考文献要求

编著书稿不得抄袭他人著作。引用他人著作应注明出处,列入参考文献。位置放在教材末尾,可按在文中出现的先后顺序编码。

格式:(序号).(作者).(书名).(出版地):(出版社),(年份).

⑬ 常见符号的使用规定

a. 范围号用“～”,不用“—”。

b. 范围百分号用“30%～40%”,不用“30%—40%”。

c. 范围角度用“10°～20°”,不用“10°—20°”。

d. 正文中$\frac{1}{10}$,写成 1/10。

e. $A=\frac{1}{100B}$，写成 $A=1/(100B)$。

f. $\frac{9}{3}$，写成 9/3。

g. 表示化学成分的百分号应加在元素符号前，如 0.10%Cr，不能写成 Cr0.10%。

h. 注意半字线、一字线、二字线的用法。半字线用于产品型号、材料牌号、复合名词间（如铁-镍合金）。一字线用于相关的人或事（如车辆—地面力学系统）、化学键、标准号，数字间、表内数字空缺、地名区间（北京—天津）。

i. 标准号的写法：旧标准如 JTJ022—87，JTJ 为正体，后空半格，编号与年代间以一字线相连，新标准如 JTGB01—2003。

j. 表面粗糙度改用 Ra 表示，而不用▽表示，如原使用的光洁度▽4，应为表面粗糙度为 Ra6.3 μm。

⑭ 字母正、斜体的使用规定

a. 用正体的场合。

计量单位符号，如 L(升)、A(安培)、N(牛顿)、m(米)、s(秒)等。

计量单位词头，如 k(千，10^3)、m(毫，10^{-3})、M(兆，10^6)。

化学元素符号，如 C(碳)、Fe(铁)、$\mathrm{H_2SO_4}$(硫酸)等。

由 GB 3102.11 所确定的 48 个规范化缩写词，如三角函数、反三角函数、双曲函数、反双曲函数、对数函数、指数函数、复数、最大(max)、行列式(det)、微分(d、D)等。

用希腊字母表示的数学符号，如∑(求和号)、∏(求积号)、Δ(增量)、Γ(gamma)函数、B(beta)函数等。

罗马字母，Ⅰ、Ⅱ、Ⅲ等，现已用英文大写字母代替如Ⅰ、Ⅱ、Ⅲ等。

产品型号，如 ESD276/160、NVD48A-2U(柴油机型号)、A27W-10T(弹簧安全阀型号)、ILSM-15(催化剂)等。

标准代号，如 GB(国际)、EJ(行业标准)、Q(企业标准)等。

硬度符号，如 HB(布氏硬度)、HR(洛氏硬度)、HV(维氏硬度)、HS(肖氏硬度)。

外文的国名、地名、人名、书名、机关名、组织名及各种缩写，如 China(中国)、Beijing(北京)、Einstein(爱因斯坦)、U. N.(联合国)等。

公差配合符号，如 js6、N7 等。

X 射线以及光谱线所用的字母，如 A-H、K 等。

b. 用斜体的场合

物理量符号，如 l(长度)、m(质量)、A(面积)、Ω(立体角)、F(力)、W(功)、I(电流)等。

电气线路中的元件代号，如 R1(电阻)、D3(二极管)、SCR(可控硅)等。

用外文字母表示的几何量，如坐标 x、y、z，线段 AB，边长 a、b、c，弧 AB、点 O、$\angle A$、$\triangle ABC$ 等。

无量纲参数和物理常数，如 Re(雷诺数)、Ma(马赫数)、Fo(傅里叶数)等。

数学中的一般标量(如 a、b、p、q、r)等，函数(如 $f(x)$等)，集(如集 A、集 B 等)，变分 δ，矩阵(如矩阵 A)等。

5. 教材编写要求实例

例:

×××公司教材编写要求

为了项目部新入职员工可以更快、更全面掌握专业理论技能,尽快具备上岗值班条件,充实各个阶层的技术力量,项目部领导要求各个专业在一年内出一本培训教材,内容以厂内实际运行环境为主,各专业必须指定一名此工作负责人(专业工程师以上),配合人员由专业组自己安排(可熟练使用办公软件),具体要求如下:

(1) 格式要求

页边距上、下 2 cm,左、右 2.5 cm。

段前、段后间距选择自动。

正文要求宋体五号字。

章标题宋体三号字。

节标题宋体四号字。

节里如果不是正文,但属于段落标题用宋体五号字并加粗。

页眉左侧页在左侧写"××公司××项目部培训教材(此处两个空格)输煤(或除灰、化学、脱硫)分册,右侧页在右侧写第几章及章内容(例如:第一章 概述)。

每一章的标题在页面正中间。

每一节的标题在页面的正中间。

全文行距 1.25 倍。

首行缩进 2 个字符,其余左缩进为 0。

(2) 目录要求

目录由软件自动生成,生成为二级目录。

全文编号必须是自动生成的多级编号。

前言或绪论为一级目录,自动生成到目录当中。

(3) 内容要求

每章为一个系统或一台重要设备。

每一章的第一节将此系统或此类设备的各种类型、结构、优缺点、工作原理做一个全面介绍,例如:输煤有门式斗轮机、悬臂式堆取料机等,各种设备或系统的特点及适应环境或什么样的机组(可在网上搜素材)。

第二节介绍本厂使用的哪种设备或系统,介绍其工作原理、结构、操作方法及运行注意事项,故障处理,各危险点分析和预防措施等。

全文可插入图片或表格,以增强直观感。

(4) 日程要求

×月×日前将此项工作的负责人与配合人员名单提供到项目部,同时提供培训教材的大纲,要求细化至每节。

在大纲每节后标明完成日期。

此工作按进度和质量进行奖励与考核。

在完成此工作的同时汇总本专业历年不安全事件(有代表性,重复的不要提,虚拟时间、地点、人物),搜集网上的典型事故案例(对应专业)。

二、计算机辅助教学工具的使用

1. 计算机辅助教学概论

(1) 计算机辅助教学的基本概念

计算机辅助教学(Computer Assisted Instruction,CAI)。它是教师为了提高教学效率,利用以计算机为中心的丰富的教学资源,改进传统教学,或为学生提供一个学习环境,使学生通过与计算机的交互对话进行学习的一种教学形式。作为教学媒体,计算机与其他教学媒体(如黑板、教科书、投影仪、电视机、录像机等)没什么不同,都能够帮助教师提高教学效率、扩大教学范围、延伸教师的教学功能。但是,由于计算机具有海量存储、高速处理信息和自动工作等功能,不仅能够呈现教学信息,还能接收学生的回答并进行判断,进而实现对学生个别化学习的指导。

计算机进行辅助教学充分应用计算机的特长——快速的数字处理能力、生动的多媒体表达能力、方便的人机交互能力和具备一定的人工智能。

计算机辅助教学同其他电化教学一样可以起到呈现知识、给予反馈等作用,但是由于其有着存储、处理信息、工作自动化等功能,在内涵上它有许多其他教学手段没有的特征。

(2) 计算机辅助教学的作用

CAI 系统是由硬件、软件和课件三个要素构成的,它是提高教学质量,提高学习效率,使学习者实现有效学习为根本目的,这亦是构成基于 CAI 系统设计 CAI 课件的根本。

① 收集多媒体资料信息

教师在准备教案时,需要大量的资料及信息源。在传统的教学中,这种资料主要是通过书本、图片、录音和录像等有限的手段向学生传输信息,这样的信息来源显然是非常有限的,而且缺乏灵活性、方便性和交互性。随着电脑技术的普及,教师可以通过电脑自己制作,或通过光盘、网络等途径获取文字、图像、声音、动画、视频,甚至三维虚拟现实等多方位信息用于课件制作,使教学内容更丰富,教学方法更多样、更灵活。

② 全面优化课堂教学

通过精心准备,运用大量的多媒体手段,教师创作出严谨而丰富的 CAI 课件。教学中,教师不必像以前那样,携带地球仪、三角板、化学试剂等烦琐的教具,而是借助电脑、投影仪等先进的多媒体手段,向学生展示图、文、声、像相结合的丰富多彩的教学内容,从而可以优化课堂教学,增大课堂容量,提高教学效果。

③ 激发学生学习兴趣

计算机不仅是一种文化,而且也是教学过程中的理想的认知工具。计算机可以激发学习兴趣,帮助形成学习动机,可以提供图文声像并茂的交互式学习环境,有利于学生主动发现、主动探索;加上计算机网络可以提供协作学习模式,因而能有效地促进学生对所学知识的意义建构。

④ 提供全方位的训练

众所周知,人类是通过听觉、视觉和运动等诸多方面来获得新的知识。看书、看报可以获得知识,听收音机、听报告也可以获得知识。通过这种比较单纯的视觉或听觉所获得的知识信息是很容易被遗忘的。然而,我们通过看电视、看电影所获得的知识信息相对就不那么容易遗忘了,这是因为电视、电影综合利用了视觉和听觉的作用。我们学会骑自行车、学会游泳为什么会长久不忘呢?那是因为我们在学习骑自行车、学习游泳的时候,首先是听"老师"讲明要领,再看"老师"做示范动作,最后自己又进行一些反复的实践,才学会的。这种通过听觉、视觉和运动所获得的知识技能是持久的。通过多媒体辅助教学手段,我们可以充分利用多媒体电脑的图、文、声于一体的特点进行视、听、说全方位的训练,可以起到事半功倍的教学效果。

⑤ 全面提高学生综合素质

通过计算机辅助教学,使学生参与计算机操作,进而可以培养学生们的观察能力、记忆能力、操作能力和分析解决问题的能力。这些能力的提高,最终归结为思维品质的提高:有助于培养学生的创造性思维、有助于发展学生的抽象思维、有利于强化学生思维训练,促进学生思维品质的优化。

⑥ 计算机辅助教学的系统组成

用于进行各种各样教学活动的 CAI 系统是一个复杂的计算机应用系统,它由硬件、系统软件以及课件三个部分组成,这些部分相互作用和支持,以共同实现 CAI 活动。

硬件能力通常包括:硬件的数据处理能力、存储能力和人机会话能力。系统软件主要包括操作系统和计算机语言。课件依其结构组织方式分为固定型结构、生成型结构和智能型结构。

⑦ 计算机辅助教学的基本过程

计算机辅助教学(CAI)是以计算机为教学媒体,完成教学过程中对教学信息的处理和传递。计算机在程序控制下,通过输出设备(显示器)向学生呈现各种教学信息,学生通过输入设备(键盘)输入各种信息(反应),通常是对计算机教师提出的各种问题的回答信息,经教学网络将学生的各种反应传递至计算机教师端,计算机将对输入信息进行判断和分析,根据分析判断结果进行转移和提供有针对性的提示信息(反馈)。因此把具有教学功能的软件(课件)配置到计算机上,计算机将扮演人类教师角色,与学生构成教学系统,完成规定的教学任务。

2. 计算机辅助教学的基本工具

CAI 课件的制作工具主要包括以下常用软件:

(1) CAI 课件的制作工具 PowerPoint

① 简单易学。许多多媒体制作工具软件,虽然开发出来的课件质量较高,但学习难度大。然而 PowerPoint 一般教师稍加学习,就能掌握,对熟悉 Word 的教师更是易如反掌。这为一般教师充分利用自身教学经验和丰富的教学素材资源来开发教学课件提供了广阔的空间。

② 支持的媒体类型多。利用 PowerPoint 能开发出兼具文字、图像、声音、动画等特点的多媒体演示型课件。

③ 能满足一般的课堂教学需求。PowerPoint 制作的课件,页面切换和内容的过渡相对较生硬,不是很流畅,但用 PowerPoint 的多媒体功能,制作演示型课件,满足一般的教学需要。

(2) CAI 课件开发工具 Authorware

Authorware 是美国 Macromedia 公司开发的在 Windows 环境下运行的一种多媒体软件制作工具，它是一个交互式的多媒体创作工具。采用面向对象的创作，它提供直观的图标(Icon)编程界面，利用各种功能图标逻辑结构的布局，体现程序运行的结构，从而取代了复杂的编程语言(包括描述语言)。用户无需掌握高深的编辑语言、不用编写一句程序就可制作出很专业的多媒体产品。Authorware 的编辑环境简单、直观，软件的制作基于流程线和一些工具图标，一目了然，具有所见即所得的特点。它的这些特点使得广大开发人员从复杂的高级语言程序中解脱出来，极大地缩短了多媒体产品的开发周期，降低了对开发人员的技术要求。

第八章　组织管理

第一节　质量管理

学习目标：通过本部分的学习，使学员掌握质量管理基础知识、全面质量管理、ISO 9000族标准、QC活动、六西格玛管理、5S活动等相关知识。

一、质量管理基础知识

1. 质量的定义

根据国际标准化组织在ISO9000：2000《质量管理体系基础和术语》中的定义，质量是指"一组固有特性满足要求的程度"。在这个定义中，没有将质量限定于产品或服务，而是泛指一切可单独描述和研究的事物，它可以是活动或过程，可以是产品，也可以是组织、体系或人以及上述各项的任何组合。

与质量有关的几个重要的术语和定义：

过程：是指一组将输入转化为输出的相互关联或相互作用的活动。

产品：产品及过程的结果。

顾客：是接受产品的组织或个人。

供方：即提供产品的组织或个人。

顾客满意：是指顾客对其要求已被满足的程度的感受。

合格：是指满足要求。

质量经济性：是指质量与组织经济效益的关系以及对组织经济效益的影响。

2. 质量的特性

ISO9000标准把质量特性定义为："产品、过程或体系与要求有关的固有特性"。为了满足顾客需要，就要把感性、含混的顾客需要变换为清晰的、理性的、技术的或工程的语言，这就是质量特性。我们所得到的或确定的质量特性是人为变换的结果，实质上是相对于顾客需要的一种代用特性，这种变换的准确程度将直接影响到顾客需要能否得到满足，变换越准确，就越能反映顾客需要，从而实现顾客满意。

质量特性可以分为以下几种类型：

（1）技术性或理化性的质量特性。

（2）心理方面的质量特性。

（3）时间方面的质量特性。

（4）安全方面的质量特性。

（5）社会方面的质量特性。

3. 质量管理

ISO9000标准中把质量管理定义为："在质量方面指挥和控制组织的协调的活动"。这些活动通常包括：制定质量方针和质量目标，质量策划、质量 控制、质量保证和质量改进。

质量策划致力于制定质量目标并规定必要的运行过程和相关资源以实现质量目标。质量策划明确了质量管理所要达到的目标以及实现这些目标的途径，是质量管理的前提和基础。

质量控制致力于满足质量要求。质量控制确保组织的活动按照计划的方式进行，是实现质量目标的保障。

质量保证致力于提供质量要求会得到满足的信任。

质量改进致力于增强满足质量要求的能力。质量改进则意味着质量水准的飞跃，标志着质量活动是以一种螺旋式上升的方式不断提高。

表 8-1 所示为朱兰质量管理三部曲。

表 8-1　朱兰质量管理三部曲

质量计划	质量控制	质量改进
设定质量目标； 辨识顾客是谁； 确定顾客的需要； 开发应对顾客需要的产品特征； 开发能够生产这种产品特征的过程； 建立过程控制措施，将计划转入实施阶段	评价实际绩效； 将实际绩效与质量目标对比； 对差异采取措施	提出改进的必要性； 做好改进的基础工作； 确定改进项目； 建立项目小组； 为小组提供资源、培训和激励，以便： —诊断原因； —设想纠正措施。 建立控制措施以巩固成果

质量管理的发展经历了三个阶段：第二次世界大战以前可以看作是第一阶段，通常称为质量检验阶段；第二阶段是从第二次世界大战开始到 20 世纪 50 年代，称为统计质量控制阶段；第三阶段是从 20 世纪 60 年代开始的全面质量管理阶段。

二、全面质量管理

ISO8402：1994 将全面质量管理定义为："一个组织以质量为中心，以全员参与为基础，目的在于通过让顾客满意和本组织所有成员及社会受益而达到长期成功的管理途径。"

这里主要介绍全面质量管理的基本要求。

1. 全过程的质量管理

产品质量有一个产生、形成和实现的过程，这个过程是由多个相互联系，相互影响的环节所组成的，每一个环节都对产品质量产生或大或小的影响，因此需要控制影响质量的所有环节和因素。全过程的质量管理包括了从市场调研、产品的设计开发、生产（作业），到销售、售后服务等全部有关过程。换句话说，要保证产品或服务的质量，不仅要搞好生产或作业过程的质量管理，还要搞好设计过程和使用过程的质量管理。要把质量形成全过程的各个环节或有关因素控制起来，形成一个综合性的质量管理体系，做到以预防为主，防检结合，重在提高。为此，全面质量管理强调必须体现如下两个思想：

（1）预防为主、不断改进的思想

优良的产品质量是设计和生产制造出来的，而不是靠事后的检验决定的。事后的检验面对的是既成事实的产品质量。全面质量管理要求把管理工作的重点从"事后把关"转移到

“事前预防”上来;从管结果转变为管因素。实行“预防为主”的方针,把不合格品消失在它的形成过程之中,做到“防患于未然”。当然,为了保证产品质量,防止不合格品出厂或流入下道工序,并把发现的问题及时反馈,防止再出现,再发生,加强质量检验在任何情况下都是必不可少的。强调预防为主、不断改进的思想,不仅不排斥质量检验,甚至要求其更加完善,更加科学。质量检验是全面质量管理的重要组成部分,企业内行之有效的质量检验制度必须坚持,并且要进一步使之科学化、完善化、规范化。

(2) 为顾客服务的思想

顾客有内部和外部之分:外部的顾客可以是最终的顾客,也可以是产品的经销商或再加工者,内部的顾客是组织的部门和人员;实行全过程的质量管理要求组织所有各个工作环节都必须树立为顾客服务的思想。内部顾客满意是外部顾客满意的基础。因此,在企业内部要树立“下个过程是顾客”,“努力为下一个过程服务”的思想:现代组织工作是一环扣一环的,上一个过程的质量会影响后一个过程的质量,一个过程出了质量问题,就会影响整个过程以至产品质量。因此,要求每个过程的质量,都要经得起下一个过程,即“顾客”的检验,满足下一个过程的要求。有些企业开展的“三工序(过程)”活动即复查上道工序的质量;保证本道工序的质量;坚持优质、准时为下道工序服务是为顾客服务思想的具体体现。只有每个过程在质量上都坚持高标准,都为下个过程着想,为下个过程提供最大的便利,组织才能目标一致地、协调地生产出符合规定要求,满足用户期望的产品。

可见,全过程的质量管理就意味着全面质量管理要“始于识别顾客的需要,终于满足顾客的需要”。

2. 全员的质量管理

产品和/或服务质量是企业各方面、各部门、各环节工作质量的综合反映。组织中任何一个环节,任何一个人的工作质量都会不同程度地直接或间接地影响着产品质量或服务质量。为了激发全体员工参与的积极性,管理者要做好以下三个方面的工作。

(1) 全员的质量教育和培训

一方面要加强员工的质量意识,职业道德、以顾客为中心的意识和敬业精神的教育;另一方面要提高员工的技术能力和管理能力,增强参与意识。在教育和培训过程中,要分析不同层次员工的需求,有针对性地开展教育和培训。

(2) 把质量责任纳入相应的过程、部门和岗位中,形成一个高效、严密的质量管理工作的系统。

对员工授权赋能,使员工自主做出决策和采取行动,即所谓的活性化。活性化是全面质量管理的基本做法之一,之所以如此,原因在于:① 员工有强烈的参与意识,同时也有很高的聪明才智,员工活性化会激发他们的积极性和创造性;② 企业的竞争力在于顾客和其他相关方的满意以及对市场变化的反应速度,而顾客和相关方满意,以及市场的反应速度很大程度上取决于员工的活性化程度;③ 活性化的员工应该要求对于质量作出相应的承诺,并将质量责任同奖惩机制挂起钩来,确保责、权、利的统一。

(3) 鼓励团队合作和多种形式的群众性质量管理活动,充分发挥广大职工的聪明才智和当家做主的进取精神。

群众性质量管理活动的重要形式之一是质量管理小组。此外,还有很多群众性质量管理活动,如合理化建议制度、和质量相关的劳动竞赛等。

3. 全组织的质量管理

全组织的质量管理可以从纵横两个方面来加以理解。从纵向的组织管理角度来看，质量目标的实现有赖于组织的上层、中层、基层管理乃至一线员工的通力协作，其中尤以上层管理能否全力以赴起着决定性的作用。从组织职能间的横向配合来看，要保证和提高产品质量必须使组织研制、维持和改进质量的所有活动构成一个有效的整体。全组织的质量管理可以从两个角度来理解。

（1）从组织管理的角度来看，每个组织都可以划分成上层管理、中层管理和基层管理。“全组织的质量管理”就是要求组织各管理层次都有明确的质量管理活动内容。当然，各层次活动的侧重点不同。上层管理侧重于质量决策，制订出组织质量方针、质量目标，质量政策和质量计划，并统一组织、协调企业各部门、各环节、各类人员的质量管理活动，保证实现组织经营管理的最终目的；中层管理则要贯彻落实领导层的质量决策，运用一定的方法找到各部门的关键，薄弱环节或必须解决的重要事项，确定出本部门的目标和对策，更好地执行各自的质量职能，并对基层工作进行具体的业务管理；基层管理则要求每个职工都要严格地按标准、按规范进行生产，相互间进行分工合作，互相支持协助，并结合岗位工作，开展群众合理化建议和质量管理小组活动，不断进行作业改善。

（2）从质量职能角度看，产品质量职能是分散在组织的所有有关部门中的，要保证和提高产品质量，就必须将分散在组织各部门的质量职能充分发挥出来。但由于各部门的职责和作用不同，其质量管理的内容也是不一样的；为了有效地进行全面质量管理，就必须加强各部门之间的组织协调，并且为了从组织上、制度上保证组织长期稳定地生产出符合规定要求、满足顾客期望的产品，最终必须要建立起全组织的质量管理体系，使组织的所有研制、维持和改进质量的活动构成一个有效的整体。建立和健全组织质量管理体系，是全面质量管理深化发展的重要标志。

可见，全组织的质量管理就是要“以质量为中心，领导重视，组织落实，体系完善”。

4. 多方法的质量管理

影响产品质量和服务质量的因素越来越复杂：既有物质的因素，又有人的因素；既有技术的因素，又有管理的因素；既有组织内部的因素，又有随着现代科学技术的发展，对产品质量和服务质量提出了越来越高要求的外部的因素。要把这一系列因素系统地控制起来，全面管好，就必须根据不同情况，区别不同的影响因素，广泛、灵活地运用多种多样的现代化管理方法来解决现代质量问题。

当前，质量管理中使用的工具和方法，既有统计方法又有非统计方法。常用的质量管理方法有所谓的老七种工具、新七种工具。除此以外，还有另外一些方法以及近年开发的一些新方法，如质量功能展开（QFD）、田口方法、故障模式和影响分析（FMEA）、头脑风暴法（Brainstorming）、六西格玛法（6σ）、水平对比法（Benchmarking）、业务流程再造（BPR）等。

总之，为了实现质量目标，必须综合应用各种先进的管理方法和技术手段，必须善于学习和引进国内外先进企业的经验，不断改进本组织的业务流程和工作方法，不断提高组织成员的质量意识和质量技能。“多方法的质量管理”要求的是“程序科学、方法灵活、实事求是、讲求实效”。

三、ISO9000 族标准概述

ISO9000 族标准是关于质量管理体系的一组国际标准,由国际标准化组织(ISO)发布。制定这组标准的目的,是为各种类型和规模的组织实施并运行有效的质量管理体系提供帮助,并通过标准的宣传实施及认证活动,在世界范围内建立关于质量和质量管理体系的一定程度的共同认识,在国内和国际贸易中促进相互理解。

ISO9000 族标准自 1987 年问世以来,相继被世界各国接受和采用。随着国际经济交流的蓬勃发展和贸易往来的日趋频繁,顾客对质量的要求越来越高,质量管理体系认证风靡全球,ISO9000 族标准越来越成为需方对供方提出质量管理体系要求和供方证实自己能力的依据。

我国是较早采用和贯彻 ISO9000 族标准的国家之一。1988 年,我国就发布了等效采用 ISO9000 族系列标准的 GB/T10300 系列标准,后又于 1992 年发布了等同采用的 GB/T 1900 系列标准。在 1994 年 ISO9000 族标准第一次修订、2000 年第二次修订换版、2004 年第三次修订、2015 年最新修订后,我国均发布了等同采用的 GB/T19000 族标准。

现行有效的 2000 版 ISO9000(GB/T19000—2015)族标准的文件结构如图 8-1 所示。

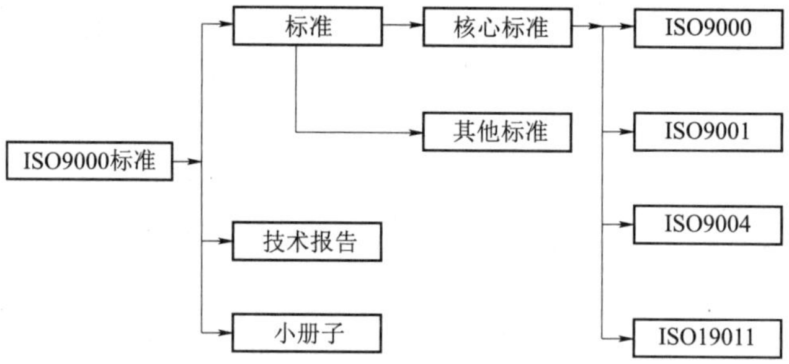

图 8-1 ISO9000(GB/T19000—2015)族标准的文件结构

ISO9000 族标准的四项核心标准分别为:

ISO9000《质量管理体系基础和术语》,表述质量管理体系的基础知识并规定了质量管理体系术语。

ISO9001《质量管理体系要求》,规定了达到顾客满意水平的质量管理体系要求,可用于证实组织具有提供满足顾客要求和适用的法规要求的产品的能力,并能通过持续改进,不断增进顾客满意。该标准可用于组织内部管理,也可用于合同环境或作为认证的依据。

ISO9004《质量管理体系业绩改进指南》,从质量管理体系的有效性和效率两方面,为质量管理体系的建立和运行提供的指南。这个标准的目的不仅是达到顾客满意,还在于广泛地改进组织的业绩,让顾客和其他利益相关方满意。该标准主要用于组织内部管理,不能作为认证的依据。

ISO19011《质量和(或)环境管理体系审核指南》,为质量管理体系和环境管理体系的内部审核和外部审核提供指南。

四、QC 小组活动

1. QC 小组的概念

QC 小组是在生产或工作岗位上从事各种劳动的职工，围绕企业的经营战略、方针目标和现场存在的问题，以改进质量、降低消耗、提高人的素质和经济效益为目的组织起来，运用质量管理的理论和方法开展活动的小组。

QC 小组的概念包含了以下 4 层意思：

——参加 QC 小组的人员是企业的全体员工，不管是高层领导，还是一般管理者、技术人员、工人、服务人员都可以组建 QC 小组。

——QC 小组活动可以围绕企业的经营战略、方针目标和现场存在的问题来选题，活动内容广泛。

——小组活动的目的是提高人的素质，发挥人的积极性和创造性，改进质量，降低消耗，提高经济效益。

——小组活动强调运用质量管理的理论和方法开展活动，具有严谨的科学性。

2. QC 小组活动的特点

QC 小组活动的特点突出表现为明显的自主性、广泛的群众性、高度的民主性、严谨的科学性。

(1) 明显的自主性

QC 小组是以职工自愿参加为基础，实行自主管理、自我教育、互相启发、共同提高、充分发挥小组成员的个人潜能和创造性，自主性是 QC 小组最主要的特性。QC 小组不同于行政班组，其组建无需行政命令，而强调自愿结合、自主管理、以人为本、尊重并着力于激发职工的主观能动性。

(2) 广泛的群众性

QC 小组是吸引全员参加质量管理的有效组织形式，除包括高层领导在内的管理者、技术人员外，更容易吸引在生产、服务第一线的操作人员参加。员工通过 QC 小组活动提高发现问题、解决问题的能力，群策群力，为个人成长创造环境，为实现组织绩效尽责尽力。

(3) 高度的民主性

QC 小组组长可以民主推选，也可以由小组成员轮流担任，人人都有发挥聪明才智和锻炼成长的机会；同时在 QC 小组内部讨论问题、解决问题时，小组成员间是平等的，不分职位与技术等级高低，各抒己见，互相启发，集思广益，保证既定目标的实现。

(4) 严密的科学性

QC 小组要遵循 PDCA 的工作程序，运用 TQM 的理论和方法开展活动，步步深入地分析问题、解决问题；在活动中坚持用数据说明事实，用科学的方法来分析与解决问题，而不是凭“想当然”或个人经验。小组的建立及其活动，是为了解决问题，目标指向明确。

3. QC 小组活动的宗旨和作用

QC 小组活动的宗旨，即 QC 小组活动的目的和意义可以概括为以下 3 个方面：

——提高员工素质，激发员工的积极性和创造性；

——改进质量，降低消耗，提高经济效益；

——以人为本,营造整洁有序的生产、服务、工作现场,培育积极向上的团队精神。

QC 小组活动的作用已得到广泛认可,通常可以归纳为如下 7 个方面:

——有利于开发智力资源,发掘人的潜能,提高人的素质;

——有利于预防质量问题和改进质量;

——有利于实现全员参与管理;

——有利于沟通,改善人际关系,增强团队协作精神;

——有利于改善和加强管理工作,促进管理水平的提升;

——有助于提高员工的科学思维能力、组织协调能力、分析与解决问题的能力,促进职工岗位成才;

——有利于提高顾客满意程度。

4. QC 小组活动的起源

QC 小组作为全面质量管理不可或缺的重要组成部分,1962 年在石川馨博士的倡导下,创于日本;1966 年在欧洲质量组织年会上,由朱兰博士介绍,开始被国际认知。

1973 年世界第一次石油危机后,日本企业借助 TQM 渡过经济危机树立起了"日本制造"的质量形象,许多国家和地区在派遣代表团赴日学习考察过程中,了解体验到了 QC 小组对现场质量改进所发挥的巨大作用,于是纷纷开始学习引进,并根据各自国家和地区的特点冠以了不同的称谓,如新加坡的"品管圈"、中国台湾省的"品质圈"等。经过半个多世纪的普及推广,QC 小组活动已成为许多国家和地区质量改进活动的重要组成部分。目前,全球有 70 余个国家和地区在开展 QC 小组活动。

1978 年,北京内燃机总厂在学习日本全面质量管理的过程中,诞生了我国第一个 QC 小组。为积极推进 QC 小组活动,中国质量协会联合全国总工会、共青团中央、中国科协每年召开"全国质量管理小组代表会议"。成立于 1986 年的 QC 小组工作委员会,具体指导全国 QC 小组活动的开展。据不完全统计,我国每年大约有 1 000 多万名职工通过 QC 小组的形式在参与质量管理和改进活动。

在久米均教授等著名质量专家的主持下,日本"QC 小组本部"分别于 1980 年和 1985 年编辑出版了英文版《QC 小组纲领》和《QC 小组活动方法》,作为 QC 小组活动的指南性文件,在国际上得到了广泛的认同,已被翻译成了法语、韩语、西班牙语、葡萄牙语、印度尼西亚语等十几种文字。

5. QC 小组活动的课题类型

QC 小组的课题来源一般有三个方面:一是上级下达的指令性课题;二是质量部门推荐的指导性课题;三是自主性课题。

根据所选课题的特性、内容的不同,可将小组活动课题分为下述五种类型,即"现场型""服务型""攻关型""管理型"和"创新型"。

(1) 现场型课题

通常以稳定工序质量、改进产品质量、降低消耗、改善生产环境为目的。一般选择的课题较小,难度不大,活动周期较短,比较容易出成果,但经济效益不一定大。

(2) 服务型课题

通常以推动服务工作标准化、程序化、科学化、提高服务质量和效益为目的。活动课题较小，活动时间不长，见效较快。这类课题不一定取得显著的经济效益，但社会效益往往比较明显。

(3) 攻关型课题

通常以解决技术关键问题为目的。课题难度大，活动周期较长，需投入较多的资源，经济效益显著。

(4) 管理型课题

通常以提高工作质量、解决管理中存在的问题、提高管理水平为目的。课题有大有小，如只涉及本部门具体业务工作的改进课题就小一些，而涉及多个部门协作的，课题就大些，难度不尽相同，效果差别也较大。

(5) 创新型课题

创新型课题是QC小组成员运用新的思维方式和视角、采用创新方法，开发新技术、新产品、新市场、新方法而实现预期目标的课题。由于课题是以往不曾有过的，因此通常无现状可调查。为实现预定的目标可以有多种方案，应由小组成员运用创新思维提出，并对各种方案进行分析论证和评价，必要时进行模拟试验，选择最佳方案，然后付诸实施。

创新型课题与前四类课题的活动步骤是有所不同的。中国质量协会参考有关国家和地区推出的"课题达成型"活动程序，结合中国企业和QC小组活动的实际及特点，制定了"创新型"课题QC小组活动程序。

将QC小组活动课题进行分类，是为了突出小组活动的广泛性、多样性，便于分类发表交流、评价选优。但分类方法不能绝对化，以免束缚思维，不利于小组成员积极性、创造性的发挥。

6. QC小组活动所需的管理技术

QC小组实施改进，解决问题除运用专业技术外，所涉及的管理技术主要有三个方面：其一是遵循PDCA循环；其二是以事实为依据，用数据说话；其三是统计方法的应用。

(1) 遵循PDCA循环

通常所说的QC小组活动的"四个阶段，八个步骤"的四个阶段就是指PDCA。P(计划)阶段包含4个步骤，即找出所存在的问题、分析产生问题的原因、确定主要原因、制定对策措施；D(执行)阶段为1个步骤，即实施制定的对策；C(确认)阶段为1个步骤，即检查确认活动的成效；A(处置)阶段包含2个步骤，即制定巩固措施、防止问题再发生，提出遗留问题及下一步打算。

(2) 以事实为依据，用数据说话

QC小组活动过程中的课题确定、目标制定、问题分析、要因确认、对策措施的制定和效果评价等，都要有证据来说明，而所提供的证据必须是客观存在、经得起检验和推敲的事实和数据。因此QC小组成员要在活动过程中观察、记录、积累数据，并进行整理和分析，做到以事实为依据，用数据说话。

(3) 应用统计方法及其他多种工具方法

QC小组为了取得证据，要收集大量的数据，其中有的是有效数据，有的则是无效数据。有效、无效的判定需要借助统计方法进行甄别筛选，有效数据需要借助统计技术进行整理分析。可应用的统计方法有很多。

老七种工具分别是：分层法、排列图、因果图、直方图、控制图、散布图、调查表；

新七种工具分别是：关联图、系统图（或称树图）、亲和图（或称 KJ 法，A 图解）、PDPC 法（或称过程决策程序图法）、矩阵图、矩阵数据分析法、矢线图；还有一些简易图表（包括柱状图、饼分图、折线图、雷达图等）。

此外，还可应用价值工程、正交试验设计法、水平对比等，凡是对分析问题、解决问题有作用的工具方法都可以在 QC 小组活动中进行应用。

五、六西格玛管理

近几年来，六西格玛管理越来越多地受到了人们的关注。六西格玛管理在提高质量、降低成本和缩短周期方面的作用，在成功地应用了这一方法的企业已得到了充分的展示。

1. 六西格玛管理概述

六西格玛管理是 20 世纪 80 年代中期由美国摩托罗拉（Motorola）公司创立的，最初用于有效地改进产品质量。之后，进一步在美国联合信号（Allied signal）等企业得到了应用和发展，成为改善经营绩效和提升企业战略执行力的有效方法。1996 年，通用电气（GE）公司总裁杰克·韦尔奇（Jack Welch）将六西格玛引入 GE 公司，并将其作为促进 GE 经营绩效持续提升的四大发展战略之一。

六西格玛管理的应用成效是非常显著的，1999 年，GE 公司通过实施六西格玛管理而获得的收益就达到了 15 亿美元。到了 21 世纪初，这个数字达到了 50 亿美元。六西格玛管理在 GE 公司的成功应用，促进了它的普及。世界 500 强企业中，就有 25％以上的企业实施了六西格玛管理。不仅具有欧美文化背景的企业纷纷引入六西格玛，而且韩国、日本、印度、新加坡等东方文化的企业也开始了六西格玛管理的实践。近几年来，越来越多的中国企业也加入到六西格玛管理实践者的行列中。

六西格玛管理是：对缺陷的测量、统计工具、绩效改进方法、管理理念、企业文化抑或管理战略。从六西格玛管理在世界级企业的实践经验来看，六西格玛管理包含了上述所有内容。六西格玛管理专家罗纳德·斯尼（Ronald Snee）先生将六西格玛管理定义为：“寻求同时增加顾客满意和企业经济增长的经营战略途径。”另一位六西格玛管理专家汤姆·皮兹得克（Tom Pyzdek）说：“六西格玛管理是一种全新的管理企业的方式，六西格玛主要不是技术举措，而是管理举措。”而美国质量学会对六西格玛管理的定义是：“高度专业化的用于持续地开发和交付近乎于零缺陷的产品与服务的过程方法，也是应用统计工具和通过项目工作，实现利润和收益突破的管理战略。”

具体来说，六西格玛管理包含两个方面的含义：其一是对缺陷的一种测量评价指标，也就是我们常说的西格玛水平；其二是驱动经营绩效改进的一种方法论和管理模式。

作为缺陷的一种测量评价指标，西格玛水平与过程的缺陷率是一一对应的。表 8-2 列出的是各个西格玛水平与缺陷率的对应关系。

表 8-2 西格玛水平与缺陷率的对应关系

西格玛水平	缺陷率/ppm
1σ	690 000
2σ	308 000
3σ	66 800

续表

西格玛水平	缺陷率/ppm
4σ	6 210
5σ	230
6σ	3.4

也就是说，一个过程如果达到了 6σ 水平的话，那么它的缺陷率仅为 3.4 ppm 或百万分之三左右。西格玛水平越高，过程的缺陷率就越低。需要指出的是，六西格玛管理所关注的缺陷已不仅仅局限在产品的不符合性上，任何过程，包括管理活动在内，只要它的输出不符合要求，就被视为缺陷。例如，顾客要求产品的交付期不超过 3 个工作日，而在交付给顾客的 100 批订货中，有 30 批超过了顾客要求的交付期，则该企业交付过程的缺陷率达到了 30%或者 300 000 ppm，其西格玛水平为 2σ 左右。又比如，企业希望其应收账款在 20 个工作日内收回，而目前只有 31%的应收账款能够准时收回，那么账款准时收回的缺陷率为 69%，其西格玛水平仅为 1σ。

在六西格玛看来，识别出缺陷是改进的前提，只有测量得出缺陷，才能谈得上消灭缺陷。当你从质量、成本、周期、顾客满意等方面测量出过程的缺陷所在，那么随着围绕降低这些缺陷的改进活动的开展，以及这些缺陷的突破性降低，经营绩效必然会持续增长。在六西格玛管理看来，许多企业绩效测量系统是不完善的。人们习惯于测量产品及其制造过程的缺陷，不习惯测量其他过程，特别是管理活动的缺陷，而“没有测量就没有管理”。因此，六西格玛强调“测量”在管理活动中的重要作用。而西格玛水平，则是对过程绩效的一种测量和评价指标。

作为经营绩效改进的方法论和模式，六西格玛提供了一套科学的过程改进方法和企业经营绩效改进模式。

六西格玛方法论依据质量管理大师戴明和朱兰的许多重要理论而展开，特别是“波动理论”。按照质量管理大师们的观点，波动是客观存在的，它存在于任何事物中。世界上没有任何两个实体具有相同的测量结果。波动可以是非常小的，以至你无法感觉到它的存在；也可以是很大的。如果过程的波动较大，超过了其允许的范围，则产生缺陷。

在统计学中，标准差 σ 是描述波动大小的特征值。σ 表示数据相对于平均值的分散程度，σ 越大，过程的波动就越大。而“西格玛水平”则将过程输出的平均值、标准差与顾客要求的目标值、规范限联系起来，并进行比较。这里，目标值是指顾客要求的理想值；规范限(Specification Limits)是指顾客允许的过程输出的波动范围。σ 越小，过程输出的波动就越小，输出落到规范限外的概率就越小，出现缺陷的可能性就越小，西格玛水平就越高。因此，过程满足顾客要求的能力就越强。

任何事物都是某些过程的结果或者输出，而输出的波动来源于每个过程。正确的管理方法要求深入了解波动以及引起波动的原因，从而从根本上纠正这些原因。

戴明先生提出了过程的 SIPOC 模型，即任何过程都是由供方 S(Supplier)—输入 I(Input)—过程 P(Process)—输出 O(Output)—顾客 C(Customer)等要素构成的。而 SIPOC 的闭环关系告诉我们：过程输出(O)的任何改变都将依赖于一个或多个供方、输入或过程活动(SIP)的改变；如果所有 SIP 是稳定的，则 O 将是稳定的；改变 O 意味着 SIP 必须发生改变;如果 O 与 SIP 之间的关系违背了上述规律,则表明该过程是不完备的,即 SIP 或 O 中有遗漏的因素。这也表明,该过程存在改进机会,以及提升组织对过程认知程度的机会,流程在 SIP 和 O 之间的闭环关系,提供了确定流程输入/输出间的相关性以及可能的因果关系的方法。

基于上述理论,六西格玛管理提出了一套科学的方法论。这个方法论帮助从过程输出的波动中识别输入与输出间的相关关系,找到对输出波动具有较大影响的关键影响因素,完善对过程的控制,提升对过程的认识程度。在六西格玛方法论中,被广泛认同并使用的是用于对现有过程进行改进的 DMAIC 方法和对新产品和新业务流程进行开发设计的 DFSS 方法。

DMAIC 方法是由定义 D(Define)、测量 M(Measure)、分析 A(Analyze)、改进 I(Improve)和控制 C(Control)等 5 步骤构成的流程改进方法,也被称为五步法。DFSS 方法是六西格玛设计方法的统称,它是 Design for Six Sigma 的英文缩写。目前 DFSS 的模式较多,比较有代表性的有 GE 公司使用的 DMADV 方法等。与 DMAIC 相类似,DMADV 将流程或产品的设计过程分解为 5 个阶段。不论是 DMAIC 还是 DMADV,每个阶段有明确的过程输出和要求,每个阶段又有若干工具方法为支持,以实现每个阶段的目标并达到要求。

在六西格玛管理中,产品、服务或工作的结果都被视为流程的输出,记为 Y;它受到一系列影响因素 X_i 的作用,记为 $Y=f(X_1,X_2,X_3,\cdots,X_n)$,事实上,只有少数 X 对 Y 产生关键影响作用,我们称它们为“关键的 X”。这些“关键的 X”可能是技术上的,比如:设计、工艺、场地设施、技术装备、原材料、人员的技艺水平等等,也可能是管理程序和相关政策等管理上的因素。由于对流程认知上的局限,很多时候我们并不能从众多的 X 中将“关键的 X”识别出来,并从根本上了解或把握这些“关键的 X”,因此出现了过程的输出 Y 与顾客要求之间产生较大差异或者出现缺陷的情况。DMAIC 就是一步一步地通过数据对流程进行分析,揭示“关键的 X”,并寻求对“关键的 X”最佳改进和控制方案的有效方法。从方法论的角度来看,每一个 DMAIC 过程都遵循了从“数据”到“信息”再到“知识”的科学认知过程,是识别流程的改进空间,把握流程的改进机会,并最终实现改进效果的严格的程序化的问题解决方法。

除方法论外,六西格玛还提供了一套较为成熟的经营绩效改进的管理模式。六西格玛管理是通过有组织有计划地实施六西格玛项目而实现其经济效益的,也是通过六西格玛项目的实施来推进人们观念和行为方式转变的。每一个六西格玛项目都要在预定的时间内,解决一个预定的问题,并实现预定的目标。每一个六西格玛项目都由相应的六西格玛项目团队来完成,项目团队由经过严格的六西格玛培训的绿带和黑带来领导,他们运用 DMAIC 或 DFSS 方法,分阶段完成项目工作,并通过项目工作取得经济效益。而六西格玛绿带、黑带和大黑带则从人力资源和组织架构上保障项目工作的实施与深入。

六西格玛管理正是这样一种从“缺陷”及其测量入手,把握经营绩效改进机会的管理方法。

近几年来,六西格玛管理方法在实践中得到了进一步发展。六西格玛管理与精益管理结合,形成了精益六西格玛(lean Six Sigma)方法,使六西格玛方法在用于缩短周期、消除流程的浪费等方面的应用进一步拓宽。而在一些企业已经开始推行战略六西格玛(Strategic

Six Sigma)，使六西格玛管理进一步与企业的战略管理结合，成为实现企业战略目标的工具。

2. 六西格玛管理的特点

与其他管理方法相比较，六西格玛管理更加强调以下一些管理原则：

(1) 关注过程。六西格玛管理强调，任何工作或活动都是过程，包括经营管理活动在内。

(2) 关注相关性。六西格玛强调，任何输出 Y 的改变都是由于过程或者其输入 X 的改变引起，改进输出的关键是识别、改进和控制这些关键的 X。即，要把握过程 $Y=f(X_1, X_2, X_3, \cdots, X_n)$ 的相关关系。

(3) 使用科学方法。六西格玛管理强调了科学方法的应用，比如 DMAIC 方法。在许多实施了六西格玛管理的企业中。将 DMAIC 作为一种工作素养，要求管理和技术骨干具备并在日常工作中使用。

(4) 依据数据决策。六西格玛强调使用支持决策的相关数据并用它们来指导决策过程。“改进一个流程所需要的所有信息都包含在各种数据中”。

六西格玛管理正是基于上述管理原则展开的。

六、5S 活动

5S 由 5 个日语词汇组成，即整理、整顿、清扫、清洁、自律，用罗马字母拼写时，其第一个字母都是 S，故合并简称为 5S。由于 5S 活动是做好日常管理的前提条件，需要坚持不懈，所以我国的香港特别行政区和台湾地区以及大陆的许多企业也将其称之为“五常”活动。

1. 5S 的含义

5S 活动的含义，如表 8-3 所示。

表 8-3 5S 的含义

5S	基本含义
整理 (SEIRI)	区分清理：明确区分要用的和不用的，把不用的物品清除出现场，以免妨碍工作、浪费场地
整顿 (SEITON)	定置标识：研究物品的取用方法，合理安排所需物品的摆放位置，并根据需要恰当标识，防止误用，省时省力
清扫 (SEISO)	清扫维护：做到现场没有垃圾、灰尘及污垢，查找并消除造成脏污的源头，对设备、工具等作业用品进行清洁养护
清洁 (SEIKEISU)	维持效果：坚持前 3 个 S，使现场始终保持整洁有序的状态，进行规范和约定，巩固并提升前 3 个 S 的成效
自律 (SHITSUKE)	约束习惯：通过外在约束和内在约束，提高素养，养成自觉遵守规章制度及标准化作业的好习惯

2. 5S 活动的作用

5S 活动是实施管理和现场改进的基础。现场改进的重点包括：质量(Quality)、成本(Cost)、交货期(Delivery)、精神面貌(Moral)、安全(Safety)和企业形象(Image)。

5S 活动的最大功效是,能够事半功倍地减少或消除无效劳动和损耗,通过改善现场环境、消除人身及生产、服务过程中的事故隐患,保障安全,引导员工养成良好的行为习惯,直接或间接地促进生产、服务效率的提升、经营绩效的实现。通过开展 5S 活动,可以达到以下目的:

——改善现场环境,增强归属感和自豪感,提高员工满意度;
——塑造企业形象,给客户以信心,赢得社会和公众的信赖;
——消除安全隐患,减少、杜绝事故灾害的发生,保证机器设备的正常运转;
——调整生产周期,减少寻找、搬运的空耗,缩小作业半径,保证按时交货;
——降低库存浪费,压缩物料的在线滞留时间,通畅物流,节能降耗;
——保证质量,防止作业差错,提高业务的精确度。

第二节 技术管理

学习目标:通过本部分的学习,使学员掌握操作规程、维修规程编写规定等相关知识。

一、操作规程、维修规程等编写规定

1. 规程在公司文件体系中的位置

公司文件管理体系分为五个层次,分别为国家的法律法规,公司政策,公司制度,部门制度和工作程序,以及情报、资料、记录等。文件管理体系及结构如图 8-2 所示,从中可以看出,规程在公司文件管理体系中属于生产技术文件范畴。

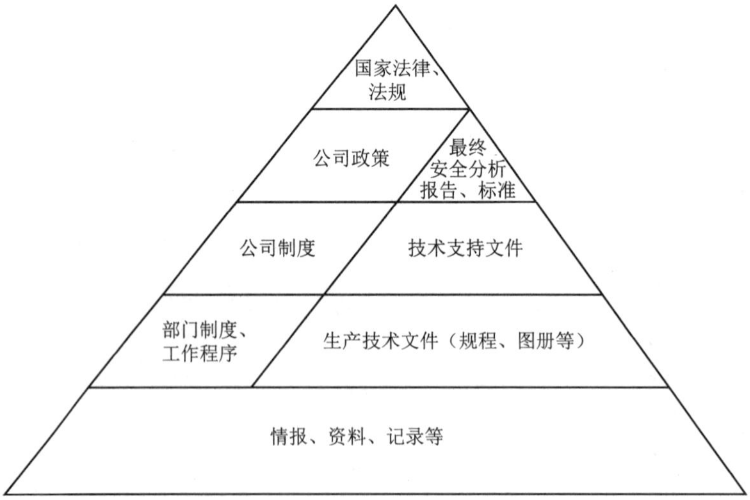

图 8-2 文件管理体系结构层次简图

2. 规程的内容

应该清晰、简明,包含足够的信息,让使用者易于理解和高效地工作。规程必须包括以下内容:

(1) 在明显位置标明规程适用设备分级，以提示执行人员相关设备的重要程度。

(2) 在规程内有修订跟踪页。

(3) 所有记录都须有对应的表格。

(4) 整定值、公差、控制逻辑和设备编号等技术细节描述准确，并且在规程、图纸、设备清单和系统描述之间互相保持一致；

(5) 规程执行过程中涉及的其他参考文件中的相关内容或步骤，在规程中有详细的说明；

(6) 规程中应包含人因的考虑以减少可能的人因失误，如规程中执行步骤的先后顺序、必要的注释和风险提示栏、异物控制提示等；

(7) 必要时，在规程中设置见证点和/或停工待检点。

3. 对执行规程的使用作说明

包括以下几个方面：

(1) 说明规程中哪些内容作为通用的指导性内容，哪些内容按每个步骤逐步地执行或每执行一步确认一次；

(2) 说明当规程有冲突，或不适合所要做的工作，或出现非预期的结果时，应当采取的措施；

(3) 说明当按规程执行的工作被中断时，应当采取的措施。

4. 规程的管理

维修规程和操作规程在完成编写和修订后，要通过校对、审核、会审、QC 选点、QA 选点及最终的批准方可生效使用。

规程应由具有相应资格的人员负责进行编写、校对、审核和批准。

5. 规程的内容

(1) 规程适用范围：指规程适用于本岗位的操作过程，工艺控制要求及安全注意事项等。

(2) 相关技术术语的定义：介绍本岗位使用的相关技术术语具体含义。

(3) 工艺流程介绍：绘制本工序流程框图。

(4) 基本原理介绍：介绍本工序基本原理等。

(5) 主要设备：绘制本岗位设备表格，填写主要设备名称、规格型号、数量等信息。

(6) 工艺参数：绘制本岗位工艺参数表格，填写参数名称、单位、技术指标等信息。

(7) 操作程序：详细介绍操作前准备、操作步骤、操作注意事项等。

(8) 故障判断及处理：详细介绍本岗位常见故障原因及处理方法。

(9) 设备维护保养：详细介绍本岗位设备维护保养方法等。

(10) 安全注意事项：介绍本岗位穿戴劳保用品要求，各设备安全使用要求等。

第三节　生产管理

学习目标：通过本部分的学习，使学员掌握生产管理知识，编制生产作业计划、指导班组进行成本分析、编制节能降耗方案等相关知识。

一、生产管理知识

1. 生产管理的任务

铀浓缩厂生产管理首先是以保障核安全为首要目标,因此,生产管理的任务是在保证核安全的前提下,通过有效的生产管理,来保障和提高系统设备安全可靠性、节约生产成本,从而达到铀浓缩厂的生产目标,完成生产任务。

2. 生产过程组织

(1) 生产过程构成

① 生产过程:是指从投料开始,经过一系列的加工,直至成品生产出来的全部过程。其中包括劳动过程和自然过程。

劳动过程——人利用劳动工具,作用于劳动对象,按照预定的方法和步骤,改变几何形状和性质,使其成为产品的过程。

自然过程——在自然力的作用下,改变其物理和化学状况的过程。

② 生产过程的分类

按各部分分担不同的任务来划分,分为四部分:

生产技术准备工作——指产品在投入生产前所进行的各种生产技术准备工作。

基本生产过程——指对构成产品实体的劳动对象直接进行工艺加工的过程。

辅助生产过程——指为保证基本生产过程的正常进行而从事的各种辅助性生产活动的过程。如为基本生产提供动力、工具和维修工作等。

生产服务过程——指为保证生产活动顺利进行而提供的各种服务项工作。如供应工作、运输工作、技术检验工作等。

③ 工艺阶段和工序

工艺阶段:是指按照使用的生产手段的不同和加工性质的差别而划分的局部生产过程。若干相互联系的工艺阶段组成基本生产过程和辅助生产过程。

工序:是指一个工人或一组工人在同一工作上对同一劳动对象进行加工的生产环节。它是组成生产过程的最小单元。

若干个工序组成工艺阶段。

按照工序的性质,可把工序分为基本工序和辅助工序:

基本工序——直接使劳动对象发生物理或化学变化的工序。

辅助工序——为基本工序的生产活动创造条件的工序。

综上,生产过程的构成,就是指生产过程的各个部分(生产技术准备过程、基本生产过程、辅助生产过程、生产服务过程,生产过程的各个工艺阶段、基本工序和辅助工序)之间的组成情况和相互联系。

(2) 影响生产过程的构成因素

① 企业产品的特点:就是指产品用途、结构、复杂程度和制造产品所用的材料等。

② 企业的规模:企业规模大,生产过程工序划分较细,专业化水平高;企业规模小,生产过程工序划分较粗,专业化水平低。

③ 企业生产采用的设备和工艺方法。

④ 企业对外协作关系：社会专业化协作水平越高，企业内部生产过程就趋于简化，其他属于企业辅助生产过程的产品，就可由其他专业工厂提供。

(3) 合理组织生产过程的基本原则

就是指合理地处理生产过程各个部分之间的关系，使其在时间上、空间上密切配合、协调一致，以保证均衡、有节奏的生产。原则如下：

专业性：设计和工艺方面类似的产品，在企业内部组织专业化生产。

连续性：产品在各个环节上的运动始终处于连续状态，没有或很少有不必要的停顿和等待时间。

比例性：能力、效率、计划方面保持比例，避免脱节。

节奏性：相同的时间间隔内生产大致相同数量或递增数量的产品。

柔性化：能及时满足变化了的市场需要。即朝着多品种、小批量、能够灵活转向、应急应变性强的方向发展。

(4) 生产过程的空间组织

空间组织：就是指企业的各个生产单位的组成、相互联系及其在空间上的分布情况。

① 工艺专业化

定义：按照生产工艺的特点来设置生产单位。

特点：在工艺专业化的生产单位内，集中着同种类型的生产设备和同工种的工人，每一个生产单位只完成同种工艺方法的加工或同种功能。

优点：

可以充分利用设备。

适应产品品种的要求，适应分工的要求。

便于工艺管理和提高技术水平。

缺点：

加工路线长。

经过许多车间，增加交接等待时间。

车间之间的相互联系比较复杂，使计划管理和在制品管理工作更加复杂。

② 对象专业化

定义：各基本车间独立完成产品、零件、部件的全部或大部分工艺过程。

专业化形式有两类主要形式：成品或部件为对象的专业化形式和同类零件为对象的专业化形式。

优点：

加工路线短。

为采用先进的生产过程组织形式(流水线、自动化)创造条件。

大大减少车间之间的联系，有利于在制品管理。

缺点：

对产品变动的应变能力差。

设备利用率低。

工人之间的技术交流比较困难,因此工人技术水平的提高受到一定限制。

(5) 成组加工单元

成组加工单元就是在一个生产单元内,配备某些不同类型的加工设备,完成一组或几组零件的全部加工任务,且加工顺序在组内可以灵活安排,成组加工单元符合对象原则,也可以看作是对象原则的进一步发展。

柔性加工单元是成组技术与数控技术相结合的产物。在柔性生产单元中,产品、零部件或加工工艺变化时,不必对设备或生产线进行大的变更,而只要变更某些控制程序就可以适应新的产品、零部件和新的工艺加工方法的需要。

柔性加工单元与成组加工单元的不同点:

① 加工机床为数控机床或数控加工中心。

② 传递装置为自动传送系统或自动抓握装置。

③ 工件和刀具自动传递装卸。

④ 采用集中数控或计算机控制。

3. 生产与作业管理的基础工作

(1) 文明生产

① 文明生产的含义

广义的文明生产,就是生产文明化,或称科学化,根据现代化大生产的客观规律来组织生产。在企业的实际工作中,一般是指狭义的文明生产,指在生产现场管理中,要按照现代工业生产的客观要求,为生产现场保持良好的生产环境和生产秩序。

② 文明生产的意义

坚持文明生产,是企业中的一项基础性管理工作。加强文明生产有着重要的意义。

首先,是现代工业生产本身的客观要求。

其次,是培养职工大生产的意识和习惯,加强精神文明建设的需要。

③ 文明生产的内容

由于企业的生产技术条件和具体情况不同,不同企业抓文明生产的侧重点也有所不同。

(2) "5S"活动

含义:"5S"活动是指对生产现场各生产要素(主要是物的要素)所处的状态不断进行整理、整顿、清洁、清扫和提高素养的活动。

(3) 安全生产

安全生产是指在保证劳动者生命安全和健康的前提下,进行生产活动。

基本含义:劳动者必须在安全的环境中生产,只有安全才能保证生产顺利进行。

4. 生产管理

(1) 班组管理

① 班组安全管理

安全目标:以班组与各工段签订的安全生产责任书为基准,实现安全责任书中的管理目标,严格按计划完成安全相关的任务。

安全活动:安全活动由公司部门、车间或工段组织,班组全体成员参加;安全活动形式多样,如百日安全活动、"安康杯"安全生产活动等等。在安全活动中,员工探讨实际工作中的安全问题和预防措施，做好隐患排查，并每次活动做好记录。通过安全活动熟悉与安全有关的规章制度，掌握与安全有关的防护技能，提高全员安全意识。

危险源管理：按制度对放射源、易燃易爆物品及化学品进行管理。积极查找工作中存在的危险源和应急预案，排除隐患。

安全会：通常，班组每周召开一次班组安全会。利用安全会开展班组安全活动，安全会一般情况下时间不少于 30 min（遇特殊情况则根据实际情况调整）。

班组开展安全活动前，有必要时会议主持人要提前通知工段长或车间安全员参加安全会，工段长或车间安全员根据实际情况选择参加班组安全会并对其安全工作给以指导。

安全会参考内容：总结上周安全工作，并对班组管辖关键重要设备的检修、维修事件、内部外部运行事件信息进行安全讲评，研究布置下周安全工作；开展危险预知活动、检查排除安全隐患、分析事故案例，总结安全工作和经验，开展安全知识学习和安全教育。学习管理部门下达的安全相关的文件或班组内部安排的文件。学习或讨论公司/部门的安全相关管理制度。

② 班前会

通常情况下，班组在工作日早上召开班前会，会议由班组长主持（也可由班组长指定主持人），班前会时间控制在 15 min 左右（在特殊情况下，班组在同一天内可以根据实际情况调整会议开始时间。

班前会内容：

班组长应传达上级安全生产指示、班组相关的会议精神、本日工作任务、工作管理要求、安全注意事项等信息。

班前会上必须对前一工作日的工作结果、安全情况、经验反馈等做出小结，努力实现经验共享。

班前会必须结合当日的工作项目，详细落实当日人员安排及关注要点，特别应注意关键/重要厂房设备、高风险作业的安全注意事项提醒和安全措施的布置提醒。

班前会应落实好工作项目的准备、临时工作等任务的责任人。

利用班前会布置班组管辖休息场所、生产厂房内管辖区的安全、卫生自查或整改活动。

班前会会议内容需要在当天简要地记录在班组日志中以备后查。

③ 生产/质量管理

根据车间或工段月工作计划，班组长应及时完成班组的任务分解并安排好工作计划。及时落实各项临时工作。

班组长应带领班组员工严格执行生产相关的各管理制度。

跟踪生产任务执行情况，及时协调并解决工作过程中出现的问题。

根据巡回检查相关制度的要求做好班组巡检工作，及时反馈异常情况或填写设备缺陷。

做好班组资料管理：做好资料的整理回收工作，资料记录清楚准确完整。所有资料摆放整齐，查阅方便。

④ 培训管理

落实车间安排的培训计划。

组织、落实重要的作业标准的学习或讨论。

跟踪班前会布置的管理制度学习情况，必要时在班前会进行讨论并在班组日志中记录。

落实工段内部的技术培训和岗位练兵活动。

落实车间布置的师带徒活动。

⑤ 班务管理

按公司制度执行职工考勤与假期管理、职工带薪年休假管理、职工延长工作时间和休息日工作补休/补贴办法、职工岗位考核实施管理等相关行政管理制度,并准确填写考勤记录。

落实好班组休息室办公设备等硬件设施的管理责任人。确保办公设施的完整。

组织好班组休息室卫生工作。保证整洁有序的工作环境,营造轻松和谐的工作氛围。

班组宣传公示牌:根据车间、工段或班组自身宣传的需求及时更新公示牌信息,做好班组内部的宣传工作。

(2) TPM 管理

① TPM 定义

TPM 是从最高管理者到第一线操作员工全体参加的生产维护活动,旨在将工厂以员工为主的管理模式改变为以设备为主的管理模式。

TPM 是 Total Productive Maintenance 的缩写,意为“以最有效的设备利用为目标,以维修预防(MP)、预防维修(PM)、改善维修(CM)和事后维修(BM)综合构成生产维修(PM)为总运行体制”。其中,Total 意为在(产品或设备的)整个寿命周期,企业所有部门的全员参与;Productive 意为使生产系统效率极限化的一种企业文化;Maintenance 意为建立以零损失为目标的维护体系。

简言之,TPM 即“全面生产维护”,是从最高经营者到第一线操作员工全体参加的生产维护活动,旨在将工厂形成由上而下的目标管理和由下而上的小团体自主活动结为一体的管理模式。具体包含以下内容:

以创造生产系统效率化的极限企业体质为目标;

以生产系统的生命周期(生产系统终生管理)为对象,以现场物为基础,争取实现:零灾害、零不良、零故障、营造“绿色工厂”;

从生产部门到计划部门、维修部门、经营部门等所有职能部门的和谐配合;

通过团队活动推进;

从最高管理者到一线员工,全员参加。

② TPM 的基本方针

全员参与活动,降低生产活动中的各种损失。

挑战行业内的最高生产效率,成为行业内最具竞争力的企业。

尊重员工,培养员工,实现员工主动参与改善活动。

③ TPM 活动的精髓

TPM 的五个要素:

a. TPM 以最大限度发挥设备功能,以零故障、零缺陷、零灾害为总目标;

b. TPM 是以重叠式的小组活动方式展开;

c. TPM 以 5S 为基础,开展自主维修活动;

d. TPM 以降低六大损失(设备、安装调整、空转短暂停机、速度降低、加工废品、开机)来提高设备综合效率;

e. TPM 的推动不仅局限于生产部门和维修部门,涉及整个企业的方方面面。

TPM 的三个“全”：

TPM 与原来的生产维修体制相比，主要突出一个“全”字，这个“全”字有三方面的含义，即：全系统、全效率、全员参加。

三个“全”之间的关系为：全员为基础，全系统为载体，全效率为目标。

TPM 的主要目标落实在“全效率”上，“全效率”在于限制和降低六大损失：

a. 设备停机时间损失；

b. 设置和调整停机损失；

c. 闲置、空转与短暂停机损失；

d. 速度降低损失；

e. 残、次、废品损失、边角料损失(缺陷损失)；

f. 产量损失(由启动到稳定生产间隔)。

④ TPM 特点

归纳 TPM 的定义，可得知 TPM 有以下三个特点：

追求最高的设备综合效率；

全系统的预防维修；

操作人员的自主维护。

其中，追求最高的设备综合效率是 TPM 体系、生产维护体系、预防维修体系的共同特点，全系统的预防维修则是 TPM 与生产维护体系的特点，至于操作人员的自主维护，即自发、主动、积极的小组活动，是 TPM 最主要的特点。

⑤ TPM 的目的及目标

TPM 的首要目的就是要事先预防并消除设备故障所造成的六大损失，在保证生产效益最大化的同时，实现费用消耗的合理化。

TPM 的目标可以概括为四个“零”，即停机为零、废品为零、事故为零、速度损失为零。

停机为零：指计划外的设备停机时间(即故障停机时间)为零。计划时间的设定要有一个合理值，不能为了满足故障停机为零而使计划停机时间值设定得很高。

废品为零：指由设备原因造成的废品为零。“完美的质量需要完善的机器”，机器是保证产品质量的关键，而人是保证机器好坏的关键。

事故为零：指设备运行过程中事故为零。设备事故的危害非常大，除影响生产外，甚至可能会造成人身伤害。

速度损失为零：指由于设备速度降低造成的产量损失为零。由于设备保养不好，设备精度降低，设备不能按设计的最大速度使用，降低了设备性能。

⑥ TPM 活动的八大支柱

最近几年一般企业在进行 TPM 时，多数采用八大支柱的方式来推动，八大支柱已扩展到企业整体管理层面，更适合企业推动 TPM，自然也更合乎 TPM 所强调的全员-T(全公司、全系统、所有人员)的理念。TPM 八大支柱见图 8-3。

关注效率的个别改善活动：

找到影响企业生产的损失，如故障、停机损失、性能下降损失、产品质量损失、维护费用损失、人员过剩的损失等等，消除这些损失、提升企业快速响应能力、减少资源浪费、创造价值，就是 TPM 所进行的“个别改善”活动。

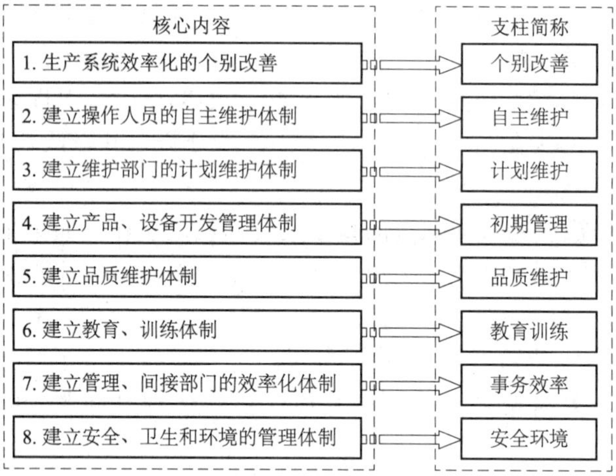

图 8-3 TPM 的八大支柱

自主维护活动:

自主维护活动的目的在于操作基本条件的维持,保养活动要有效率,不能光靠某一个部门,尤其不能完全依赖外部厂商,因此,设备操作人员必须接受润滑加油、五感点检、小修理的相关训练,以提升设备操作人员胜任多工作的能力及操作技能。

建立计划维护体系:

通过五大步骤来建立完整的计划维护体系。

质量维护活动:

通过 ISO9001 架构建立基本的质量体系,并深入研究 4M(Method:方法,Man:人员,Machine:机器,Material:材料)与质量的关系,借助设备与质量的关系(Machine-Quality,M-Q 分析)、质量构成要素分析等有效手段来生产出高质量的产品。

维护预防(MP)设计及初期管理活动:

为有效降低设备寿命周期费用,通过设备维护部门与生产部门的经验沟通,开发出高可靠性、易维护(甚至免维护)的设备,并使设备的运转在初期能尽早稳定。

建立教育训练体系:

以全公司高效管理为出发点,根据层次、专业、技能等方面的不同,结合人力资源规划,进行教育训练体系的建立,并构建公司独特的专业技能认证制度,有效培育人才。

非生产部门的效率化:

以 6S 活动为基础,结合"个别改善活动",进行效率化改善。必要时,结合公司的经营目标,展开业务提升活动。

安全、健康与环境管理:

以 ISO14001 建构基本的 SHE(Safety-Health-Environment,安全、健康、环境)管理系统,并可参考 OHSAS18000(Occupational Health Safety Management Systems,职业健康安全管理体系)的内容,将职业健康安全结合为一体进行,以实现 TPM 追求的 4S 目标(4S 目标是指 CS:客户满意;ES:员工满意;SS:社会满意;GS:地球满意)。

⑦ TPM 与 5S 的关系

5S 是指整理、整顿、清扫、清洁、素养，5S 活动是推行 TPM 的基础。和 TPM 的不同点在于：5S 重点是改变生产环境；TPM 重点是改变生产设备。相同点在于：都是改变人，改变企业文化。

整理，是从提高工作效率的角度来考虑，有组织地区分要的物品和不要的物品。

整顿，是从作业流程合理化角度来考虑，将必要的物品定位在容易拿取及放回的场所。

清扫，就是点检。是以发现问题点的角度来实施扫除工作。如果不能在扫除过程中发现上百个问题点，则不能称为清扫。扫除本身并不能称为 TPM，如果做到不用扫除，工作场所也能干干净净，才是 TPM 活动的主题。

清洁，是彻底改善，杜绝问题重复发生。

素养，是如何教育贯彻实施 4S 各步骤的理念来考虑，是伴随着 4S 一起实施，并非单独存在的模块。

二、如何编制生产作业计划

生产计划的编制必须遵循四个步骤。

1. 收集资料，分项研究。编制生产计划所需的资源信息和生产信息。

2. 拟定优化计划方案，统筹安排。初步确定各项生产计划指标，包括产量指标的优选和确定、质量指标的确定。

3. 编制计划草案，做好生产计划的平衡工作。主要是生产指标与生产能力的平衡；测算企业主要生产设备和生产面积对生产任务的保证程度；生产任务与劳动力、物资供应、能源、生产技术准备能力之间的平衡；生产指标与资金、成本、利润等指标之间的平衡。

4. 讨论修正与定稿报批。通过综合平衡，对计划做适当调整，正确制定各项生产指标。报请上级主管部门批准。

同时，生产计划的编制要注意全局性，效益性，平衡性，群众性，应变性。

三、如何指导班组进行成本分析

1. 班组经济核算的形式

班组经济核算的形式一般为“指标分项核算”，即由车间为下属班组规定的产量和质量为主的核算指标，同时规定经济责任，要求班组按规定核算下达指标完成情况，进行考核，据以实行经济上的奖惩。

2. 常用的班组核算指标

(1) 生产指标。一般来说，生产任务指标是企业在计划期内应当生产的工业产品的实物数量和工业性劳务数量。

(2) 产品质量指标。是指企业在计划期内各种产品应该达到的质量标准。

(3) 安全生产指标。班组的安全生产指标是指在生产过程中发生的人身、设备差错或事故的控制指标。

(4) 材料消耗指标。指原材料、辅料、燃料、工具等消耗水平，此指标以限额、定额、降低额、降低率等形式下达给班组进行核算。

（5）成本指标。班组成本指标是从企业总成本经车间层层分解下来，一般只核算直接生产费用，即班组内人工费、能耗费和材料费的支出。它属于管理成本而非财务成本。

3. 班组核算指标确定的原则

（1）核算的指标应符合班组的生产特点，要反映班组生产经营活动的基本情况，全面体现多、快、好、省的经济要求。

（2）核算的指标应是与工人从事生产直接有关，工人能够掌握与控制其完成情况。

（3）核算的指标数量不宜过多，指标少而精，以能促进工人劳动积极性为宜。

（4）核算的指标要有重点，而重点则需要根据班组具体生产特点和不同时期生产任务来确定，目的是以最少精力，取得最大核算效果。

（5）核算结果要通报到每个人，依其结果进行奖惩。

4. 班组经济核算的方法

（1）产量核算方法

① 以实物核算产

完成计划产量差额＝实际产量－计划产量

完成计划产量程度＝（实际产量/计划产量）×100％

在化工厂里，固体产品实物量一般采用重量单位来计，液体产品采用重量单位或体积单位，气体产品采用体积单位。

② 以产值核算产量

每一产品产值＝每一产品数量×每一产品单价

各种产品总产值＝每一产品产值的加总

完成产值计划差额＝实际产值－计划产值

完成产值计划程度＝（实际产值/计划产值）×100％

（2）质量核算方法

① 操作质量的核算

实际操作合格率＝（操作合格品数量/检验品总数量）×100％

操作质量差额＝实际操作合格率－定额操作合格率

② 产品质量的核算（按合格率核算产品质量）

实际产品合格率＝（合格品总量/检验产品总量）×100％

产品质量差额＝实际产品合格率－定额产品合格率

（3）劳动核算方法

① 出勤率核算

实际出勤率＝（出勤工日数/制度工日数）×100％

② 缺勤率核算

实际缺勤率＝（缺勤工日数/制度工日数）×100％

（4）材料消耗核算方法

用实物核算用料：

全部产品计划用料总量＝全部产品数量×单位产品定额用料

全部产品用料节约（超耗）数量＝全部产品实际用料总量－全部产品计划用料总量

达到用料计划指标程度＝(全部产品实际用料总量/全部产品计划用料总量)×100%

(5) 能源消耗核算方法

全部产品计划单项能耗总量＝全部产品数量×单位产品定额单项能耗总量

全部产品计划单项能耗计划指标程度＝(全部产品实际单项能耗总量/全部产品计划单项能耗总量)×100%

(6) 成本核算方法

实际单位产品成本＝(产品总成本×产品总数量)

单位产品成本降低额＝实际单位产品成本－定额单位产品成本

单位产品成本降低额＝(单位产品成本降低额－定额单位产品成本)×100%

5. 班组经济核算的分析

对于在经济核算中发现的问题要及时进行分析。通过分析成出问题的症结所在，寻找解决办法。经济活动分析可以借鉴质量管理的成功经验，从“人、机、料、法、环”诸多方面查找成本高的原因。经济分析是班组搞好核算，提高劳动生产率的重要环节。

班组经济活动分析通常采用会议形式。由班长掌握，定期(周、月)或随时(班前、班后)召开。实践证明，班组经济分析是行之有效的好方法，它可以集中群众智慧不断地实现生产技术的创新，它可以妥善及时地解决生产、技术中的具体问题，有效地增加产量、提高质量、减少消耗、降低成本、保证安全，从而取得最大的经济效果。

四、如何编制节能降耗方案

节能降耗通常可以通过如下措施加以实现：

1. 根据统计查找近几年各项消耗指标，合理制定节能目标。
2. 进行工艺调查，寻找突破口，改进工艺。
3. 进行化工原材料的调查与确认，把好入库验收关。
4. 召开同工种会议，交流先进操作经验，操作者进行技能培训。
5. 合理使用维护好设备，减少跑、冒、滴、漏，适当提高产能。
6. 开展全面质量管理及课题，提高产品一次合格率。
7. 制定经济措施。